松浦弥太郎

人生重启计划

1からはじめる

从1开始

日本生活美学家 松浦弥太郎 人生重启计划

〔日〕松浦弥太郎 著

蓝春蕾 译

中国出版集团 现代出版社

目 录

第一章　勇气 Courage

第二章　观察 Espial

第三章 精通 Mastership

第四章　勤奋 Assiduity

有一天，我发现了一个秘密。

这个秘密非常珍贵，每个人都想知道，就像是埋藏在人生中的宝藏。

至少对我来说，这次发现得来不易。

我深切地感到，它是我今后人生中不可或缺的法宝。

有的人称它为"成功的方法"。

有的人将其命名为"优秀的秘诀"。

也有不少人询问"如何成为理想中的自己"。

而我发现的秘密正是它们的答案。

我不愿在前言里装腔作势，还是开门见山地公布吧。

这个秘密就是"从1开始"。

"怎样才能成为优秀的人？"

"为什么别人能够成功？"

"我没有办法成为理想中的自己，太痛苦了。"

每个人心中的优秀、成功、理想中的自己各不相同，要定义它们着实困难。但无论如何，这些词语都是很多人的愿望、钦羡和梦想。

要实现它们只需要做到一点，

那就是"从1开始"。

听起来未免过于简单，可能很多人会不相信我的话。

也许有的人会笑着扬起嘴角：

"从1开始？哪有这么简单的事。"

也许有的人会沮丧地皱起眉头：

"要是从1开始就能成功那就好了。"

看来很多人从一开始就怀疑"从1开始"的作用，在尝试之前就放弃了。

我难免有些不安，便放弃向大多数人宣扬，转而与少数人对话。

与我憧憬的人。

与我敬佩的人。

与世俗意义上获得成功的人。

与极少数有眼光的人。

与我认为优秀的人。

告诉他们，我认为"从1开始"非常重要。不，只有"从1开始"才能成功。

而他们的回答大致如下：

的确如此。

我能够成为现在的自己，就是因为将自己心中认定的事情从 1 开始贯彻下去。

至少我自己会不断重复"从 1 开始"的过程。

所以我想谈谈自己对这一主题的见解，

希望我"从 1 开始"的全新心态，能让大家继续阅读下去。

2018 年夏

序章

从 1 开始 Start from Scratch

无烦恼时代的烦恼

想尝试做一种新菜，只须动手去做就好，不会有太大困难，因为稍微查一下就能找到做法。

不做任何准备去国外，也不会有太大问题，毕竟用手机搜索一下就能获得很多信息。

跳槽进入新的公司，上司突然要求准备会议资料，也不用担心，将之前公司类似的资料复制粘贴后再修改一下就可以。

就算没有电脑，我们也可以通过经验积累很多数据，做法、指南、知识、经验值等等。名称各不相同，但都是属于我们自己的数据库。

比如一不小心说错了话，和朋友闹得有点僵，也知道应该怎么应对。因为之前有过类似的经历，便知道只要过段时间再不经意地和对方联系就行。

随着不断的学习和成长，令我们烦恼的事情越来越少。

这真的是件好事吗？

我不这么认为。

生活的确变得更为便捷，人也可以更快速地解决问题，效率也确实提高了。

但我们应该敏感地觉察到这种"没有烦恼"带来的损害。

我们应该多想一步。

无论是生活还是工作，在面对任何情况时，人总会不自觉地采取别人认可的方法，或是自己以前尝试过并成功的方法，如此问题便迎刃而解。

可以说这是个没有烦恼的时代，于我而言却是一种烦恼。看起来效率提高了，生活也更为便捷，其实只是白费时间。

所以我平日里便会注意这种"没有烦恼"究竟达到了什么程度。

我也想知道，在没有烦恼的世界、没有烦恼的环境中，不依赖这种便捷的人以及察觉到其缺陷的人，是否会比其他人更优秀。

无论是电脑中储存的数据，还是人自身积累的成功经验，都有过令人眼前一亮的时候。

随着不断使用，它的光辉便日渐暗淡，消磨殆尽。

所以我认为，我们应当尽早舍弃那些日益增加的"复制与粘贴"。

从 1 开始，让一切都变为白纸。

再创造出令他人感动的事物。

从 1 开始，可以使人眼前一亮，也会孕育出奇迹。

从表面来看，依靠过去的经验像是抄近道，而从 1 开始似乎需要花费更多时间。但实际上，如果真的想达到自己的目标，从 1 开始反而是一条近道。

在成年后的工作中，在与人交往的过程中，在日常生活中，我重新认识到，从 1 开始才最接近事物的本质。

这一发现令我十分震惊，它既是发现，也是发明。

心怀从 1 开始的意识，便能解决很多问题。

正是在这个很难有烦恼的时代，才需要特意将自己置于困境之中，为从 1 开始作准备。

我明白？其实不明白

在这样一个信息化的时代，我们经常以为自己可以了解事物的本质。

听别人说话或是阅读书籍时，人容易立刻下定论，认为自己已经理解其中的内容。

大家应该遇到过类似的情景。

当朋友和家人询问你是否明白他们说的话时，你可能会立刻点头回答："我明白，我明白。"

当同事询问你是否有问题、能不能理解项目的内容时，你也会回答："我理解。"

大多数人在这种情况下应该都会回答："我明白。"

因为这是"正确的反应"，是"可靠之人应当作出的回答"，

也是商务礼仪，人们用它来评价一个人是否足够优秀。

那句"我明白"真的表示了解事物的本质吗？

它真的代表回答者真心理解对方所言，为之所动，将其牢记

在心吗？

回答者真的认为对方的话很重要，决心按照对方的话去

做吗？

很遗憾，我觉得应该不是。

当然，我也不是说大家都在撒谎。

他们只是省略了将对方的话放在心上的过程，立刻给出"我

明白"的反应而已。只要稍微知道或是听说一点，就认为自

己已经理解内容。

我不得不承认，"我明白"是一句听起来令人心安的回答。

再接上诸如"没错""我能理解你的心情""你说的没错"之类的语句，双方都会觉得踏实。但因徒有其表的对话心情愉快，未免有些可悲。

如果不能真正理解，就无法维持好和他人的关系。

如果不能真正理解，就算努力的目标一致，中途还是会遇到阻碍。

就算说出了"我明白"，其实还是不明白。

所以为何不改正如此可悲的坏习惯呢？

活着就是打破自己的铠甲

以前应对的方法。经验积累的数据库。

立刻表示理解的坏习惯。

它们既是可悲而又麻烦的惯性行为，也是保护自己的铠甲。

当人面对新环境中的各种情况、与各类人打交道时，会以为按照以往的经验圆滑地处理问题不容易受挫，甚至觉得依靠以前的经验和数据处理新事物会更加顺利，就像通过不断抄近道以最短距离抵达目标地点。

但我想各位已经明白了，

这种做法绝非捷径。如果一直身披铠甲面对世界，躲藏在其中的自己只会变得越来越小。

所以我一直想打破我的铠甲，也就是脱胎换骨。

打破自己的铠甲既是我对自己的要求，也是我此生无法摆脱的宿命。只有当我做到这一点时，我才会感觉到作为人类存在于世界上的意义。

绝非只有我才有这种想法。

归根到底，活着就是打破自己的铠甲，活着就意味着不断变化。既然人体内 60 兆个细胞每天都在逐渐更替，那么人内心的想法和做法也能不断变化，我也可以打破自己的铠甲。

然而，完全舍弃自己的铠甲确实令人恐惧。

人类畏惧回到原点。

明知如此，人却可以勇于放弃自己赖以生存的经验。

这份勇气，难道不能激励自己前进吗？

不是从 0 开始，而是从 1 开始

打破自己的铠甲成为一个全新的人，似乎与舍弃一切回到原点有些相似，其实略有差异。

人并非彻底抹去以前的经验和数据，而是完全不依赖它们。

以我自己为例，当我从《生活手帖》杂志社辞职进入互联网行业时，留下了我在《生活手帖》杂志社里积累的所有数据。大家似乎都很惊讶。

可能因为无论在任何行业、任何公司里，人们在跳槽后都会保留有关人员名单、见过的人的名片、技术及知识等。

我却没有这么做。

我在《生活手帖》杂志社的经历、积累的知识和数据的确珍贵，但它们不仅无法成为我今后的武器，反而会妨碍我。

通过"复制粘贴"可以轻松做出成品，可一旦依赖它们，就无法创新。长此以往，最终会毁了自己。

即便过去有所成就，若想未来能更进一步，就不能仰仅过去，这是打破铠甲的第一步。我要让自己从过去的经验与数据中独立出来。

更何况，就算留下名片和数据，还是无法抹去很多与自己血肉相连的东西。人不像电脑，无法完全抹去它们，因为它们早已化为自己的一部分。所以人无法回到原点。

听到"从 1 开始"，可能有人会害怕自己以前积累的一切都化为乌有。但如果过去已经牢牢地成为自己的一部分，它们就不会消失，以此为"1"，便能积攒起再次挑战的力量。

我决定，我会珍惜组成自己一部分的"1"，却绝不依靠它们。

所以，我不是从 0 开始，而是从 1 开始。

从 1 开始的确花费时间，但我不介意。

从 1 开始一点一滴做起并非回顾初心重新开始，而是将时间花费在必要的任务上。

有些人为了追求便捷会试图省略任何过程，敷衍地对待一切事。与他们相比，从 1 开始可能有些认死理，不懂得变通，看起来比较滑稽。

但我依然认为必须这么做。

我应该不是个例。

至少我觉得不是。

从 1 开始思考自己的工作

从 1 开始究竟是什么？我们应该从 1 开始思考这个问题。

比如，我们可以从 1 开始思考自己的工作。

工作就是在客户、环境和组织中协调。

尽管我们没有被绑住手脚，也没有被剥夺自由，但在工作中我们却不知不觉地产生被迫的感觉，从而忘记了工作的本质。

最危险的状态就是认为，工作是为了金钱和数字。

人要是觉得工作就是完成上级布置的任务就太可怕了，我想各位都能明白这个道理。

强迫自己完成工作的周围环境以及对公司和上司的顾虑也都极为危险可怕。

面对错误的做法，如果只是因为周围人都如此行事，自己不便反对而如法炮制，内心便会越来越压抑。

因此，我认为人应当重新思考工作的本质，明确自己的目标，我自己就是这么做的。

我在其他书中提到过，工作就是帮助有困难的人。

无论是图书、商品还是互联网行业都是如此。

重要的不是能不能卖出去，而是能不能帮助有困难的人。

"这份工作能不能切实帮助到有困难的人？"

无论从事什么职业，都要回归到这个问题上来。这就是工作中从 1 开始的最佳方法。

不回答这个问题，人总有一天会忘记工作的本质。有些人工作也许是因为觉得工作有趣或者有前景等私人原因，有些人工作则因为他人的请求和自己的责任等特殊顾虑而被迫前行，从而忘记了工作的本质。

即便因此获得了"成功"，也不值得骄傲。

即便因此在工作中赚到了很多钱，也不值得高兴。

如果仅仅因为私人原因和顾虑而工作，只会让自己的铠甲越来越厚。

时刻用怀疑的态度面对身边事

从 1 开始不仅限于自己的工作。

对身边的事也要时刻保持怀疑的态度。

无论是与整个社会有关的事件，还是微不足道的小事。

比如，傍晚的两个小时里，当你忙于采购、准备晚饭、照料孩子等杂事时，也要思考自己应该履行的职责。

疲于奔命的我们时常会忘记这一点。

也许有人觉得有闲心思考这些不如快点收拾，完成所有的任务，这样做其实只会被所谓的"效率"束缚。

为什么要采购？为什么要准备晚饭？为什么要照料孩子？为

什么要处理杂事？

如果忘记了初衷，只是采取完成任务的态度一项一项处理事

务，背后的理由也会一条一条消失，最后甚至会丧失自我。

效率就是在有限时间内完成有价值的事

人一定要为自己留有时间怀疑和思考一切行为的动机。

每个人的动机都不相同，有的人认为做饭和照料孩子是为了让家人和自己获得幸福，如此便能不违初衷。

这种方法既能保护自己的内心，也能增进了解、产生动力。

效率很重要，但很多人都误会了效率的含义，认为效率就是在短时间内完成很多事情。

其实，真正的效率是将珍贵的时间用于有价值的事情。

牢记这一点便不会迷失自我。

如此一来，便不会觉得做任何事情之前都——考虑原因会花费太多时间了。

自然也不会认为从 1 开始是一种低效率的做法。

另外，"价值"的本质绝非为一己私欲服务。

为了自我满足、为了自己受益、为了自己赚大钱的行为都无法创造出巨大的价值。

只有帮助他人、满足他人时才可以。

从 1 开始探讨起点与未来

由此看来，从 1 开始不仅与个人相关，也与他人有关。

在这个世界上，没有人可以凭借一己之力从头至尾完成一件事。

所以我们也需要从 1 开始思考如何与他人建立联系。

如今我正经营着一家公司。我有几位同事来自咨询行业，他们在人才济济的咨询行业里也算得上是佼佼者。当他们对客户的业务提出建议时，庞大的信息量和简单易懂的说明方式使他们拥有压倒性的优势。

如果只看信息的数量,任何人都可以花时间收集到这一程度。但他们收集的信息不仅数量惊人,质量也属上乘。

有次向客户报告时,我公司里一名有咨询行业背景的员工的演讲令客户露出了极为震惊的表情。

那名员工详尽地调查了客户公司的信息,对此进行了深入的分析和研究。报告的内容极具深度,仿佛他就是公司的经营者一般,其中涉及公司的经营理念、今后面临的问题、社会中的作用、中长期的业务规划、预算和人事等各个方面。

毋庸置疑,他的演讲十分优秀,连同为乙方的我都听得入了神。客户却在这时高声询问:"你究竟是从哪里得到这些数据的?"

如此一来,演讲便可以算作大功告成了,但他又对客户公司的未来提出了自己的看法。而且不是一点,他将未来各种各样的可能性总结成了 10 种模式:

"根据贵公司的特点,如果能够采纳我方提出的建议,结果将如下方所示,未来将会如此发展。"

最终客户的回答是："我们已经了解情况了，全部都交给你们。"连经营者都松口让步："既然你们比我这个经营者都了解我的公司，看来可以相信你们。而且，你们描绘的未来如此振奋人心，还有比这更令人愉快的事情吗？"

从1开始思考，就能比对方更了解对方，从而踏出第一步。普通的公司员工要是能做到这一点，到了一定年龄就会更具竞争力。

至于了解对方之后能否与他人建立联系，取决于能否描绘出对方的"未来"。

以我自己为例，假设有两位编辑表示已经从1开始对我这名作家进行了分析。

其中一位编辑说出了我的作品里他心目中半年后会畅销的书。

另一位编辑则说："我认为您今后应当做的事情以及应当采

取的方法如下，这样 20 年后您将会更具名望。"

两位编辑之中，更令我信任和振奋的自然是向我描绘未来的那位编辑。

毕竟我自己或多或少也能猜到半年后哪本书会畅销，我却无法想象出 20 年后的自己究竟会变成怎样的人。我做不到完全客观地看待自己，才会更加信任能为我描绘出 20 年后未来的人。

用真心开拓未来

愿意与你探讨未来的人必定是真心待你的。

父母为孩子将来着想的心情是发自肺腑的。

正因为父母爱孩子，才不会允许孩子及时行乐。

不会因为垃圾食品好吃就给孩子吃。

不会为了让孩子开心就放纵他玩乐。

他们会考虑 10 年后、20 年后甚至是自己百年之后的情况，

再指导教育孩子。

人的年岁渐长，情感便逐渐深厚，也慢慢拥有了预知未来的

能力。

这种能力大有深意，很难明确地说是好还是不好。但年轻人就算感情再丰富，视野也有局限性，无法与成年人的感情相提并论。

成年之后，人会对事物投入更多的感情，从而提升自己的工作与生活。

工作一帆风顺，生活便诸事顺心，对人也更温和可亲。人不是通过积累经验或者仅凭年龄增长就能做到这一步，而需要投入真心。

人活在世上一天，就有人爱自己一天，无论是配偶伴侣还是家人朋友。如果我们在这个世界上得不到爱，也不可能存活下来。

被爱不仅能让人理解什么是爱，也能让人在被爱时学会爱他人。我相信我们每个人每天都会比前一天更富有人情味。

如此一来，"只有年轻人才会谈论未来"的说法可谓大错特错了。

成年之后，人会更重情义，不仅谈论自己的未来，也会谈论他人的未来。

当然，人不仅有感情，还有欲望。无论是年轻人、成年人还是老年人，都有自私自利之辈。

他们乐于接受他人的好意，自己却不愿付出。

这类人看不到自己的未来。他们独断专行，虽不会失败，也不会成功。

追逐愿景

起点与未来是我时常留心的词语，如何将它们贯穿在一起也是我一直思考的问题。这一问题既是从 1 开始的秘诀，也是与他人同行的最佳路径。

说得具体一点，关键在于从起点和未来中找到愿景。

我有一位朋友曾经是软银集团孙正义总裁的下属，他告诉过我一句孙先生反复强调、令他印象深刻的话：

"寻找到想攀登的山峰，就相当于已经爬上半山腰了。"

在我的理解中，"山峰"指的就是愿景。

当自己找到前进的目标，决定自己的愿景时，就相当于成功一半了。愿景本身就是一项发明，能否完成这项发明就占据一半的工作量。愿景就是这么重要，人只有经过深思熟虑才能得出结论。我认为孙正义先生想说的就是这些。

勾勒出愿景后，也不用独自冥思苦想，可以和团队的成员一起考虑其中的逻辑以及如何达成愿景，制定出应当完成的"使命"。到了这一步，接下来只需要团队推进即可。

我虽然远远不及孙正义先生，但我在运营项目和创业时也会对愿景进行充分的讨论，一次又一次地修改愿景的内容。缺少这一过程也可以继续工作，但最终还是会迷失方向，回到起点，以至于扪心自问：我究竟是为了什么？

从 1 开始，意味着哪怕一无所有也要有明确的愿景。我认为人在这一点上决不能妥协。

每一份工作、每一个项目、生活的目标，都有各自的小小愿景，它们汇集起来便成了一个巨大的愿景。这个愿景让我在面对"我应当如何活下去"的问题时，给出属于自己的答案，也让我明白我这一生应当去完成哪些事情。

保持热情最重要

"今天的成功就是明天的失败。"

这也是我听来的孙正义先生的名言。

如果将现在成功的方法原封不动地搬到未来使用肯定会失败，要学会质疑当下的成功。

通向成功的正确道路的确不止一种。

但一味固守以前成功的方法，今后在同样的情况下肯定会失败，这一点还是很容易理解的。

我认为这句话也说明，人每次都要用全新的思路从 1 开始思考。

每次都用同一种思路思考同一件事是极为危险的。时代发生的变革远比自己意识的变化迅速，如果自己固守陈规，必将被时代淘汰。做不到从 1 开始，别说获得成功了，甚至可能遭到抛弃。

但每次都抛弃以前成功的方法从 1 开始未免太困难了。

可能有人觉得用不着如此费力，只要按照自己的节奏行事即可，从而产生的惰性。

所以孙正义先生才会提到"成功的前提"。

"成功的前提就是热情。"

这句话也是孙正义先生所说。

人不需要特别优秀的能力。听起来有些不合常理，但如果有一个人比其他人都更加充满热情，最后经常是这种人能够获得工作机会。

看起来工作本身需要追求合理性，但仅凭这一点也不能保证一切顺利。无论制订的计划多么合理，一旦参与者没有积极性，工作就很难顺利进行下去。

热情、努力、认真，

它们是万事万物的动力来源。

从 1 开始有时很麻烦，人很难轻易做到。但如果可以保持热

情，也许就能完成一些原本不能完成的任务。

从 1 开始，获得同伴

人有了愿景，做任何事情都不会迷茫。

同时还需要自我检查：

"我现在做的事情符合愿景吗？前进的方向没有问题吗？"

符合愿景倒还好，但很多时候都会由于各种情况事与愿违。

人会感到迷茫和烦恼，大体上都是因为当前的情况背离了自己的愿景。

这时就只能鼓起勇气回到起点，不断从 1 开始。

人有了愿景，自然就会有同伴聚集到身边。

既然方向相同，便会向着共同的愿景前进。

当我陷入思考和烦恼时，便会观察别人。这个世界上肯定有人和我想着同样的问题，有着同样的烦恼。这时，我便会去寻找他们，集合大家的力量，再从 1 开始思考。

我不是要和他们成为亲密的朋友，而是成为志同道合的伙伴。想碰到这样的人，就必须要对自己极为了解。在发现自己的伙伴时，也有必要了解对方。同时还要明白，为了达成自己的愿景，需要做到哪些事情。

有了从 1 开始的勇气，便能描绘出愿景。

人需要观察世界、观察自己、观察周围的人，

如此一来，才能明白自己应当做的事，才能了解世界、了解自己、了解周围的人，生活中便不会遇到太大困难。

但万事无绝对，还是要不骄不躁、保持勤奋。持续学习的人才会明白世界上还有很多自己未知的事物，才会保持谦逊，继续学习，进一步成长。

我相信，人在经历这一过程时会获得信心，从而可以无数次从 1 开始。

从 1 开始，便能获得自信。

从 1 开始，便会拥有同伴。

所以，我今天也要从 1 开始。

序章总结

从 1 开始，可以获得自信。

从 1 开始，需要描绘愿景。

从 1 开始，需要质疑现在的工作。

从 1 开始，需要打破自己的铠甲。

从 1 开始，需要将有限的时间用在有价值的事情上。

第一章

勇气 Courage

现在立刻从 1 开始

既然决心从 1 开始，最好尽快开始行动。

不要思虑过多，别等到依照明确的方法列出计划再开始，关

键在于立刻上手。

这也是现代社会的实用法则。

在这个世界上，国家和国家之间可能会有争端，也有可能突

发风暴或地震灾害，还有很多可能引发混乱的事情。

处于这样一个充满未知的环境中，人的心理状态自然会受到

影响。

所以我才说，无论从 1 开始做什么事情，首要的原则就是立

刻开始。适合今天做的事情可能明天就过时了，今天随意就能完成的事情可能明天就变困难了。

我在序章中也写过，人只要拥有明确的愿景，向他人宣告自己的目标，就会有志同道合的人聚集到身边，之后便可以和他们一起思考其中的逻辑和方法。

这种方法是一名我很尊敬的人在 2017 年告诉我的。

当时我谈到自己的愿景："三年后不就是东京奥运会了嘛，我想尝试做一些事情。"对方听后对我说："还是早点开始吧。我不理解你为什么要用三年时间来完成。既然你已经决定了，还是立刻就开始吧。"

听到这话我很受震动。

我的愿景和奥运会没什么太大关联，只不过单纯觉得可能要用三年时间，到时候刚好是奥运会而已。我居然因为这种原因拖拖拉拉没有立刻开始行动，不禁觉得有些惭愧。

更何况我们是打算创业。所谓创业，就是要创造出这个世界上没有的东西才有意义。要是将创意一直捂在手中，可能其他人也会想到相同的内容。

等到竞争对手增加，无论自己的愿景多么明确，也不是独一
无二的了。

立刻开始需要勇气。但速度的确是从 1 开始时不可或缺的
因素。

永远寻找最短距离

立刻从 1 开始，还是需要花费一定的时间。

等不及花苞绽放就扒开花瓣只会使其枯萎，实在是愚不可及。

而如果文火慢煮能炖出美味的炖菜，那就慢慢地煮吧。

有时需要静候时机成熟，而有时不该节省的时间则决不能省。

但这并不意味着无论花多长时间都可以，也不是说要投入所有的时间。

而是在应该花时间的地方多花时间。

但在无论花多少时间结果都不会有太大改变的事情上，最好不要花时间，选择最方便最快的做法。

比如，当你面前有三条看起来差不多的路时，如果中间那条距目的地的距离最短，不要犹豫，直接选择那条路。

我是从箱根长跑接力赛中得到启发的。

一名领先队伍的教练总是在选手身后不断强调：

"最短距离，最短距离，最短距离！"

无论哪里的道路都有宽度。

比如，沿着弯道外围转弯还是沿着弯道内侧转弯可能差距不太大，但距离目的地的距离却不同。而斜着穿过道路的人可能比沿着道路前进的人跑过的距离更短。

即便只有半步之差，也会因此决出胜负。所以那名教练才会教育选手在奔跑时也要选最短距离。

听到这件事时，我认为他的想法确实有道理。

越是长跑，越要寻找最短距离。这样才不会浪费体力，也不太容易碰到挫折。我自己也在跑马拉松，跑得太累时，就会思考怎样跑距离最短。如此一来，我便能客观看待当下的痛苦，疲惫有所缓解，心情也能平静下来。

"把时间用在有价值的地方，反之则寻找最短距离。"
这句话不只在说马拉松，也是我的人生信条。

充满热情，保持冷静

想尽快从 1 开始，热情必不可少。

愿景来源于人对某种事物的爱与热情。

可能会有人觉得我说得太直接令人不适，但没有爱与热情便无法从 1 开始。

遗憾的是，别说热情了，有很多人对任何事物都漠然视之。

比如，不少人看起来工作认真，其实只是巧妙地完成别人交代的工作，完全没有主人公意识和问题意识，一直置身事外。

又比如，就算认真讨论问题，碰到大事却毫无想法和回应。

这种人的自主思考能力已经退化了。

在一些心理状态下，人会丧失现实感，对待自己的事情就像站在另一个人的立场观察自己一样。这种状态据说与儿童时期的精神压力有关，属于心理疾病，应当向专业人士寻求帮助。

但我说的情况与它完全不同。我发现近来越来越多的人正处于一种类似的"逃避现实"的状态。

他们没有心理疾病，却对任何事情都漠不关心。原因可能在于，他们擅自给自己画了一条线，线内是自己能力所及的范围，线外便不予接受。一旦产生了放弃的想法，内心自然开始逃避。

他们不想冒险，不想挑战，也不想失败。

这就是他们明明有能力却不想努力的原因。

你可能也会有弱点。因为不想受伤、不想丢脸而产生自我防备。

但只要能够发现这点，就已经可以打破自己的铠甲了。

意识到为自己设限时，就会增加自身的可能性。

既然有所察觉，再从 1 开始就可以了。

还有一点，充满热情不是指强迫性地激励自己，风风火火地开始行动。而是积极思考最短距离，同时保持冷静。

无论在工作还是生活中，都会有很多难以预料的事情，能否恰当地处理这些问题，取决于当时究竟有多冷静。

不要置身事外，要有主人翁意识，内心充满热情。

同时也要将热情埋在心中，保持冷静。

心情再激昂，也不要有出格的举动。

保持这种状态从 1 开始才更为重要。

从看不见的部分开始

从 1 开始时，具体应该从哪里着手呢？

我认为应该从看不见的部分开始。

万事万物都有可见的部分和不可见的部分。

以工作为例，看不见的部分就是计划、思考和联想。大脑在全速运转时，周围人却以为我在发呆，完全看不出我在工作。另一方面，整理材料、撰写策划案、演讲、开发产品、拜访客户都是工作中能够看得见的部分，别人看到都会觉得我很努力。

看得见的部分很容易获得理解，大家也都会认可这部分工作，因此也可以赚钱。

这两部分缺一不可，如果没有按照正确的比例分配它们，也不能很好地完成工作。

多数人就算知道从 1 开始，立刻开始，选择最短距离开始，也会选择从看得见的部分开始。

但从 1 开始中的"1"不是肉眼可见的部分，而是肉眼看不见的部分。只有尚未成形、不可见的事物才是"1"。

倘若疏忽了这部分，便很难控制自己今后的发展了。

换句话说，在没有愿景的情况下行动，就好像驾驶时少了方向盘，自然会失去控制，到达不了目的地。

尽管如此，我们却经常跳过"1"的部分，从肉眼可见的部分开始。其中一个原因应该就是截止期限。

"本周内要完成这份材料。"

"下个月要演讲了，就交给你吧。"

在这些情况中，截止期限都是别人规定好的。压力之下，人自然会立刻行动起来。

碰到难题时，也会复制粘贴一些可见的部分以度过难关。公司和行业内都会有模板，形成一定标准。一旦达到标准，员工便觉得工作完成了，自己和周围人都会满意。哪怕工作本身毫无新意，只是重复以前的内容而已。

不断重复这种浅尝辄止的工作方法，只会距离从1开始的理念越来越远。

没有愿景，只按照他人规定的时间复制粘贴工作的内容，人肯定会迷失自我，自然无法站稳脚跟。

长此以往，我们便一无所成，内心也疲乏不已。

做饭都有一定的顺序，比如先煮热水，再洗菜，然后刮鱼鳞等等，是一套有条理的流程。不紧不慢地完成这套流程就是看得见的部分。

但是思考做什么菜，用什么调料，用某种食材可以做什么菜就是看不见的部分了。

想有原创性，关键在于哪一部分自然不言而喻。所以要记住，"1"隐藏在事物看不见的部分中。

从无人认可的地方开始

看不见的部分很难立刻赚钱。

也没有人认可自己的努力，赞扬自己的成果。

看得见的部分很容易得到理解，所以能获得金钱上的回报，

他人也会认可。

比如村子里有两个孩子很喜欢做点心。

一个人和奶奶学习村子里传统点心的做法，完全按照食谱做

出来分给村民。

肯定有人会赞扬他的手艺，说他做的点心好吃。

可能也会有人敬佩他送点心的行为，并提议把好吃的点心卖给邻村的村民。

孩子获得表扬后很高兴，自然更加拼命做点心。

而另一个孩子只会一直呆呆地坐在厨房门口小小的椅子上。

就算他拼命思考怎么做出新品种的点心，还要好吃又对健康有益，其他人也不理解。

谁也不会赞扬他。村民看到他什么也不做，只是呆坐在那里，可能会给他扣上懒惰的帽子。没人会觉得他是做点心的高手，他也没法卖点心赚钱。

那么他会继续思考新品种的点心吗？由此便产生了分歧。

在人前可以完成的事情放在别人看不见的地方也能完成吗？这个问题的回答决定了人是否可以真的做到从 1 开始。

每个人都想获得认可，得到他人的赞扬，所以很容易在他人能够看到的地方行动起来，好让别人看到自己的优秀、出色和细心。

有的人则能在别人看不到的地方也行动起来，他们依靠的是内心涌出的前进动力。与周围人的态度无关，而是一种为了这个世界必须奋斗的信念。

就算无人认可，他们也会独自观察世界，找到缺乏爱与关注之处，发现需要帮助的人，一次又一次施以援手。

如果以此作为处世之道，迟早会大获成功。

所谓成功又是什么呢？可能是金钱或是名誉，但那些不过是随之而来的赠品。

我的想法可能有些幼稚，我认为人很难独自获得幸福。

世界没有变得和平，人就不可能幸福。

所谓成功，就是为世界的幸福做出贡献，作为世界的一员自然也会幸福。

所以我认为，只要以此为目的，就可以从无人认可的地方开始努力，这样才是最好的。

从 1 开始面对任何人

"从 1 开始需要勇气。"

"从 1 开始太可怕了。"

从 1 开始中令人担忧的一项便是人际关系。

比如，从以前的行业跳至另一个行业从 1 开始时，需要告别过去的伙伴建立起新的人际关系。这是一项难度极高的挑战，很少有人能够鼓起从 1 开始的勇气。

当工作环境不变时，从 1 开始意味着改变自我。

这时，就会有以前的同伴说："感觉你变了，我有点难过。"

有时只是改变了兴趣爱好、服饰风格、行为举止，就会有人说："我以为你不是这样的。"也有人暗暗地觉得遭到了背叛，对此进行指责。

你错什么都没有。

不仅如此，你只是更成熟了一些，踏出了全新的一步。也许你还是会为此内疚，其实大可不必。

我认为朋友之间的关系非常重要而特别，无论发生什么事，无论做出什么决定，原则上是不会改变的。

很多人担忧的不过是一些介于熟人和朋友之间的人际关系。大多数不支持你从 1 开始的人都属于这种不咸不淡的关系，因为他们与你不过是因为在同一家公司、有共同的爱好、在同一个项目这种共同点才产生联系的。一旦失去共同点，他们与你的关系便戛然而止，一个组织中经常出现这类情况。那么应当如何处理这类人际关系呢？我的回答是，什么都不用做。

既没有必要特地剪断和他们之间的缘分，也不必定期和他们联系，或是在社交网络上互动，勉强维持关系。

他们与你可能共享过很多时光，以前相处得也很愉快。最理想的状态下，就算从1开始，也可以继续珍惜以前有缘的人。但不留情面地说，这不过是一厢情愿而已。

至少我做不到这一点，而且恐怕大多数人也很难实现。既然决定从1开始，就会遇见新的人，产生新的联系，无论在时间还是精力上都很难顾及到以前的人际关系。

但也没有到需要特地舍弃他们的地步，所以我才说什么都不用做。也就是保持现状，顺其发展。

比如要是在路上碰到已经不怎么联系的人，可以和对方喝喝茶，交换一下信息。如果双方没有时间，也可以就地谈两句就分手，约好有空再聚但不用太正式。我觉得差不多这样就行。要是觉得这样会浪费以前的人际关系，未免太贪心了。

我之前提到，朋友之间的关系原则上是不会改变的。

既然是原则上，自然也有例外。

每个人的情况各不相同，但随着年龄的增长，人很难维持一段关系保持不变。

假设我有一位曾经共度年轻时光的至交好友，要是他变得远比我成熟，若还是按照以前的相处模式，对双方都是一种压力。

对方不得不低头迁就我，而我也必须抬头仰望他。

明明已经聊不到一起了，还必须装作谈得来的样子。

越是接近以前的关系，双方就越觉得痛苦。

人变得成熟，所处的环境发生了变化，价值观也有所改变，生活也不再如旧。人只要活着，就一定会有变化。

如此想来，无论认识多久的人，只要一直报以初次见面的态度，可能从 1 开始构筑人际关系也不是件坏事。

20 岁时，你有一位挚友，你对她无所不知。但到了 40 岁，你和她之间可能就像陌生人一样了。所以 40 岁时，还需要从 1 开始构建新的关系。

无论在同事之间，还是夫妻与家人之间其实都是如此。

保持距离感

从 1 开始构建新的人际关系时，人很容易过于迁就他人。

我们每个人都或多或少希望自己能取悦他人，但为此进行的尝试大多不太好。

为了取悦他人，不能喝酒还说自己能喝。

为了取悦他人，不擅长的事情还要尝试。

为了取悦他人，没有心情还要强迫自己参加工作聚会。

我觉得人应该展现真实的自己，和对方保持恰当的距离感。

不要勉强自己取悦他人，顺其自然地开始交往就可以了。

我听过一个和训练宇航员有关的故事。

当挑选宇航员时，考官会将精挑细选的成员聚集在一起，让他们共同行动一段时间。成员们基本处于与外界隔绝的环境，这时，考官会观察每个人的行动。

比如这名成员做了什么，那名成员的性格如何，工作节奏怎么样等等。

在宇宙飞船中最重要的是保持平和。

参与培训的成员中，有的人第一天就四处乱逛，随便和人搭话，这种人第二天就会被淘汰。宇宙飞船是一个封闭的空间，要和同伴和睦相处，就不能随意走动，突然和人套近乎。

我们所处的现实社会不也是如此吗？

人际关系都是从 1 开始培养的，无论培养多长时间，也要有一定的距离感。工作中更是如此，距离感必不可少。

我是日本人，工作中自然也会受人情世故的约束。

打个比方，如果我从工作的角度来判断应该放弃某个项目，但受到感情的影响，我认为负责人对我照顾颇多，产生了可以续签一年的想法，那么我就没有得出恰当的判断。

反过来也是。

"松浦这个人还不错，但公司的方针已经改变了，我不能再给他工作了。"有时可能会出现这种情况。对此，如果过于缩短双方的距离，不仅让双方感到不适，也会产生不必要的压力。

工作中最基本的一点便是与所有人保持距离。

与任何人的关系都不亲密乍看之下似乎太过冷淡，其实可以保持健康的人际关系，也是保证工作能够达成愿景的秘诀。

不管对顾客还是对上司、同事和下属，在职场中要和所有人都保持一定的距离感。

可以始终保持微笑，给人一种舒适的感觉，但不要勉强自己取悦他人。

可以随意与人交谈，却不要说太多。

可以和大家的关系都不错，但不要有特别亲密的人。

一直保持这种绝佳的距离感，按部就班地完成工作，总有一天距离感会变成尊敬。

别人会发现你的优秀之处。

失败也有价值

我前面所写的内容可能太难做到了。

现在立刻开始，以最短距离开始，充满热情、保持冷静，从看不见的部分开始，没有人认可也要心怀愿景从 1 开始……

人际交往中，无论是新朋友还是旧相识，都要保持距离感从 1 开始……

看到这些，可能有的人会感到恐惧，觉得自己做不到。

从背后推自己一把吧。记住这个关键的咒语：

"以失败为前提从 1 开始。"

一旦改变观念，觉得失败也无所谓时，心中的无能为力、自我否定和恐惧便丧失了意义。

因为做不到也没关系，毕竟一开始就是以失败为前提的。

所谓恐惧，不就包括害怕面对失败吗?

一旦失败也无所谓，人就能获得自由。

反过来说，没有失败反而是白费时间。

比如村子要推出新特产时，如果只是做很多村子里已经出名的传统点心，仅保证没有失误而已，其实毫无意义。算不上成功，也算不上失败。无论做不做传统点心，现状都不会发生变化，没有人会因此感到困扰。可能有人会为此高兴，但也不是因为村子有了新的特产。

另一方面，要是试着用村子特产的竹笋和樱桃做出没有人吃过的点心品种,结果发现极其难吃,这种失败反而是一种收获。因为可以得出结论，用竹笋和樱桃做不出好吃的点心。

可能有人认为我不过是打个比方，现实没有那么简单。

实际上，大部分事情就是这么简单。我认为我们需要认识到，失败也是一种收获，这样就不会惧怕失败，也会产生从 1 开始的勇气。

世界上最严重的失败都与人际关系有关。我们每个人都毫无防备，稍微遇到一些事情，便很容易受伤、发怒和悲痛。

人际关系中的失败很难预防，大多数情况下也很难有所收获。

所以我决定，一定要勇于道歉。

我每天都会道歉好几次。无论是多么微小的事，只要我发现是我犯了错误，都会道歉说对不起。

有的人碰到非常明显的问题都不会道歉，而是蒙混过关。他们不低头的原因不过是无聊的自尊心和固执作祟。

避免意气用事，保持谦逊。摆出这一态度，就可以修复大部分关系。

不放弃未来的自己

如果以失败为前提还是没有勇气从 1 开始，就要扪心自问了。

当你想抄近道，依赖于复制粘贴以前的做法时，也要询问

自己："我真的放弃进步了吗？"

放弃从 1 开始意味着放弃了未来人生中无限的可能性。不再

进步，只会蜷缩在铠甲中活下去。

至死都只会重复采取同一种方法，

就算不满意，也放弃挣扎。

稍微有些不适，也认为习惯了就不会在意，坦然接受一切。

听起来可能像在说隐士，但这类人有很多。

到了一定年龄以后，就会觉得自己到了极限，已经无法更进一步，不过对此也无所谓。

我今年 50 多岁了，我的同龄人生活基本比较稳定，在公司也有了一定的地位，便会觉得十分知足。他们不会考虑打破现状从 1 开始。

在私人生活方面，他们也会安于现状，

觉得"算了吧，我都已经这样了""我就是这样的人"等等。

可能他们觉得到了这个年纪，人生已经过半了。

我却不这么想。50 岁时觉得"算了吧"的人，从年轻时起就一直是这种态度。

如果在年轻时不知满足，从 1 开始，必会成功。之后便会再次从 1 开始，获得新的成功。

不断重复这一过程的人，就算到了 70 岁、80 岁还是会从 1 开始。

如果你现在 20 多岁，就已经安于现状，那么在你珍贵而鲜活的内心蒙上锈斑无法动弹前，推动自己前进吧。

如果你现在 30 多岁，不过尝试几次之后就放弃努力，安于现状，那么以前的失败就白费了。

如果你现在 40 多岁，在彻底了解了自己之后还是维持一成不变，今后可能连维持现状都很困难了。

比放弃自我、安于现状还要恐怖的是，只关心自己，不与他人产生联系。

今后，这个世界上能为人类带来快乐的不是科技，而是人类本身。

科技不过是复制粘贴成功的经验而创造出的产物，无法打动人心。

而从 1 开始的态度可以打动人心，也只有人类可以做到。

如果丢失了这件宝物，我们又何去何从呢？

无论你是 15 岁还是 50 岁，道理都是相同的。

当你决定从 1 开始时，你心中埋藏和蜗居的可能性都会立刻出现。

如此一来，你便可以从 1 开始培养自己，就是这么简单。

第一章总结

现在立刻以最短距离从 1 开始。

从 1 开始尝试没有人做的事。

只要有热情，就可以从 1 开始。

已经存在的人际关系也可以从 1 开始。

不要畏惧失败，不放弃进步，就会产生从 1 开始的勇气。

观察 Espial

自信是由内而外的

在尝试新的工作和运动时，不少人都会在开始前担心自己表现不好，所以才会产生完全不可能从 1 开始的想法。

他们也基本上知道为什么觉得自己会做不好。

"我没有自信。"

令人惊讶的是，所有人都如此回答。

当熟人和员工说出这句话时，我都会陷入沉思，再提出建议："那你这么想怎么样？这样做可以吗？"但对方的回答依然不变。

"我没有自信能做到。"

对很难踏出第一步的人，无论怎么劝说，他们还是不知道自己能不能行，也依旧没有自信。

所有人的托词都是那么一句话：没有自信。

怎样才会产生自信呢？

我认为其中一个方法就在于心中是否存在"答案"。

比如关于生命是什么。

比如关于工作是什么。

比如关于营生是什么。

我认为，对于这些问题有着怎样的回答，这些答案是否经常更新，决定了一个人是否会拥有自信。

这件事算不上简单，也算不上很难。

就算心中没有答案，或者还在考虑当中也没关系。只要每天与自我对话，总会得出答案。每个人的答案都不同，没有正确的答案。

当然，最好的情况还是心中已有答案。但如果太困难，没有答案也行，关键在于是否与自我进行对话。

要我说，当听到"人为什么活着，为什么工作"的问题时，很少有人能回答出来。他们并非不知道，只是平常不会思考。

与自我对话的过程中，人能够确信自己的想法，最终渐渐相信自己，从而产生自信。

自信不是他人施与的。想成为自信的人，需要靠自己。只要相信自己就可以了，没什么困难的。

从观察中产生自信

"要无条件地相信自己。"

当我说出这句话时，大家异口同声地说不可能。

我本来认为这样的年轻人比较多，没想到在成年人中，不自信的人也不少见。

我觉得，无论处于哪个年龄段，不相信自己的人可能还是不够了解自己。

自己有什么优点，有什么缺点。

自己讨厌什么，又喜欢什么。

也就是说，他们对于与自己相处时间最长的人，一年365天、一天 24 个小时都在一起的自己都不了解。就算每天照镜子，也只能看到表面。

没有认真观察过，就不会了解本质。人当然不可能无缘无故地相信不了解的自己。

尽管如此，我自己也很畏惧直面自己。观察自己的可怖之处在于，每个人都会有弱点、肮脏的角落和难以启齿的想法。直视它们太过痛苦，但又很难彻底改正。可是，一旦明白自己是怎样的人，便会改变与自我相处的方式。

如果你还没有尝试过与自己对话，先从观察自己开始吧。

观察不是简单地看看。不要浮在水面上，而要潜入深渊，连沉入底部的石子的裂缝都要看清楚。找到石子还不算结束，还要一直持续观察，还有什么其他的东西。

观察自己会有很多收获。

虽然自己有不擅长的地方，但也有优势。

有些事情自己实在做不到，但有些事情进展得就比较顺利。
了解自己以后，就对自己擅长的部分和完成得比较好的部分
产生了信心。

观察自己，了解自己，产生自信。我认为这些都应当在从 1
开始的"1"之前完成，没必要特意提起这类常识。
既然还是有很多人没有自信，我便多嘴一句：
"通过观察自己培养自信吧。"
我相信每个人都应该知道，没有人能告诉你关于你自己的事
情，只有自己了解自己。

练习讲述自己

观察自己、了解自己之后，可以试着组织语言讲述自己，

以便需要自我介绍时不至于局促不安。

用明确而简洁的语言描绘出自己的想法、信念和愿景。

平常要多多练习。我就经常对着镜子练习自我介绍。

说是自我介绍，但出生地、毕业院校、之前的公司和职位都

无关紧要，简历上写的内容就没有必要说出来。

就好比我没有必要说："我叫松浦弥太郎，松是松树的松，

浦是浦岛太郎的浦。"

要说的内容是关于自己本身，关于自己现在为什么在这里。

准备好谈一谈自己应该做什么，现在想做什么，畅想中的未来究竟怎么样。

能谈论这些内容的人一定会给人留下深刻的印象。

要说出自己现在为什么在这里，需要经常与自己对话，观察自己的内心深处。

不要过于表现自己

我十几岁时满脑子想的都是怎样引人注目。

怎样做女孩子才会看我，怎样做男性朋友才会敬佩我。我对这件事看得很重，所以会穿着奇装异服，留着独特的发型。

我想每个人都会经历这一阶段，年轻时确实需要有这种想法。

但我发现，随着年龄增长，如果一直不抛弃引人注目的想法，成年后就会遇到一些麻烦。

想引人注目，难免会粉饰自己。我们通过谎言、勉强、虚荣面对他人，便无法从 1 开始构筑与他人的关系。

成年之后，人就会越来越不希望引人注目，仿佛是一种长大成人的标志。

就算放弃了引人注目这种彰显自我的幼稚想法，还有其他危险。

比如希望自己看起来过得很好，夸大表现自己等等。

尤其是面对刚认识的人、进入新公司或学校、跳槽或搬家、进入新的群体时，经常会莫名挺起胸腔，粉饰自己。

"我在以前公司完成过这个项目。"

"我平常喜欢做点小饰品，反响非常好，还有人问我要不要开店。"

"我能用英语无障碍地进行交流，也会说不少西班牙语。"

程度或语气可能不同，但谈论的内容多少都比实际情况要好上几分。遗憾的是，这种做法对于从 1 开始构筑人际关系没什么用处。

不仅如此，过于表现自己还会蒙蔽他人，让人误以为自己很厉害，大家不是同一个水平等等，有彰显优越感的倾向。

如此一来，他人会对你敬而远之，反而有害。越是表现自己，与其他人的距离就越远。

佩戴与自己不相符的奢侈品也是在过于表现自己。

"他居然戴那么贵的手表，肯定很有钱！"

"他用那么好的包，工资肯定很高，工作能力很强吧。"

他们就是想通过华丽的物品给周围人这种感觉。但是，就算用奢侈品装点自己，也全无益处。

除了自己的心情稍微好一点之外，只会遭人嫉妒，引人眼红，被视为没有品位。毕竟难免有人好奇自己过着怎样的生活。

我周围有很多资产超过百亿的人，他们的身上毫无"金钱的气息"。

他们不会佩戴印有商标的奢侈品，穿着打扮十分普通。同时也绝对不会大手大脚地花钱，明智地采取低调的行事作风。

可能他们在成为富翁的过程中，也曾买过那些华丽的东西，并渐渐领悟了其中的道理。

"人际关系的关键在于不过度表现自己。"

既没有必要特地丑化自己，也不要故意粉饰自己。

说起来简单，做起来难。建立人际关系需要时间，每个人都可能会感到焦虑，一不小心就容易操之过急。

想快一点和大家处好关系，想快一点让大家认识自己，想快一点在公司有所贡献……如此一想，便不知不觉地开始向周围人表现自己。这或许就是人性的弱点。

急于彰显自己毫无益处，不如踏踏实实低调做人。事实上，这样做反而更易被人亲近。

不要引人注目，低头做人。

不要过于张扬，踏实做人。

但也不能两耳不闻窗外事，要仔细观察周围。

即便进公司时备受期待，也会听到不以为然的评价，这种情况时有发生。

所谓实力，是在实际行动过程中才渐渐展现出来的。而且，在不引人注意的时候，才更容易仔细观察别人。

放松下来，保持敏感

从 1 开始的秘诀在于一直保持放松的状态。

从 1 开始需要耗费精力，如果不能放松下来，碰到意外情况便无能为力。特别是在新的组织和群体中从 1 开始时，需要做好准备，彻底放松。

所谓的准备就是不要过于紧张。不能刚刚开始还劲头十足，正式工作时却手忙脚乱。

放松下来，隐藏自己，首先仔细观察周围。与其绷紧神经，不如放松下来，这样才能拓展视野，提高敏感度，从而客观地观察事物，冷静应对所有事。

放松下来后，也能避免消极面对不希望遇到的事。不是视而不见，而是坦然接受。

当遇到不希望发生的事时，应当立刻察觉，及时做好准备。但大多数人都会下意识地回避；潜意识里否认，反而使事态变糟。

为了防止这种情况的发生，需要放松下来进行冷静的观察，要优先察觉到坏事而不是好事。关键在于比任何人都要提前感知到问题的发生。

预感不测发生时，如果处于放松状态，就能在心中重新排列好优先级来应对。相反，如果处于紧张状态，发现不测时则会引起恐慌。

我养成放松下来观察周围的习惯后，不知不觉产生了这样的想法：大多数事情都不会按照想象发展。

当然，就算设计好方案，经过精密的计划从 1 开始，也不是一切都能按照计划进展。肯定会发生一些预料之外的事，或者团队中有人被其他事情绊住等等。

由于最开始就已经将这些全部都考虑在内了，所以察觉到会发生意料之外的事情时，要将其视作宝贵的经验，在心中重新排列优先级。这样才能避免停滞，继续前进。

路线可能有所变动，原本乘船前往可能变为坐车行进，但最终还是能达到目的地的。

当观察水平进步到一定级别时，就不会再说"本来不应该这样的"之类的话了。

无论发生什么事，都在意料之中。

我说过很多遍，这种做法不是宣告放弃，而是放松下来而已。

露出傻瓜的表情

"请您放松身体，尽情享受。"

我去按摩时，店员总是对我这么说。

我的确想放松身体，但肌肉还是那么紧张。我身体的每个部分都会无意识地绷紧，完全无法放松。

别人让我放松时，我就会拼命放松。拼命反而害了我，导致我更用力了……

无论是人的身体，还是对待工作的态度，还是人际关系，都需要放松。但人很难处于放松的状态，可能我们所生活的世界就是这么令人紧张。

根据我的经验，一旦放松下来，工作和人际关系都会有好的发展。

当我对别人说"加油"时，想说的其实不是"加油"，而是"放轻松"。

面对刚进公司的员工，我会和他们说"加油"，其实心里希望他们能够放松下来。

每天开晨会时，我必须要说："大家早上好，今天继续努力吧！"但其实我的意思是，今天继续保持放松状态工作吧。放松必不可少，也很难做到。正因为我明白这点，才会在内心希望大家放轻松。

教我指压疗法的老师告诉过我一个放松的秘诀。

由于我太过用力，那位老师便不断重复让我放松，露出傻瓜的表情。

"张开嘴，张到口水都要流出来。最好伸出舌头，露出傻瓜的表情。"

我从善如流，这才体会到放松是什么感觉。那个表情大概和我小学时做的鬼脸差不多吧。如今长大成人，这种表情已经无法展露于人前了。

但是，张开嘴，发出"啊"的声音，露出傻瓜的表情，确实使人放松。

内心和身体是相通的，露出傻瓜的表情后，身体得到放松，心情也会放松。不断重复这一过程，总有一天不需要做鬼脸也能放松下来了。

我们活得太拼命了，有时也要让自己放松下来。

张开嘴，伸出舌头，

露出傻瓜的表情吧。

不要轻视他人

我认为在日常生活中，放松应该占到八成，

剩下的两成，应当为关键时刻集中精神发挥作用做准备。

没有那两成，人只会变懒。而八成的放松，也应该服务于关

键时刻的爆发力。

这种松弛有度的人极具魅力，也能立刻做出决断。

某天突然成立一个大项目时，他们也能立刻开始行动。

需要面对突发状况时，也能毫不停歇地从 1 开始处理。

有了放松的过程才能在关键时刻不迷失方向。

反过来想，如果一直保持竭尽全力做到最好的状态，最后会

体力不支的。

有例可循的事情就不需要尽全力去完成，最终效果反而会更好。一直拼命，结果却不一定达到理想的程度。

想发挥全力，平常就应该放轻松，不要使出全力，不要一直都尽全力做到最好。

所谓关键时刻，大多数时候都是突然到来的，但总会有一些预兆。

能否察觉到其他人注意不到的预兆也很重要。

所以，努力提升自己的观察能力吧。在观察能力提升到一定等级后，也不要轻视他人，这一点同样重要。

我们其实都没有恶意，但不知为何，总会在观察别人时轻视对方。

"他其实可以那么做的，太笨了。"

"为什么要用这种方法？我用的另外一种。"

"嗯……一般都会这么做吧。"

观察过人的本身、人的行为、人的环境、人的工作之后，再用自己心中的标尺衡量，进而批判对方，甚至还会产生优越感，轻视对方。

这种行为没有过多的恶意，但也很难办。用自己的标尺衡量后，一旦价值观和处理方法有所不同，就会因轻视对方而心情舒畅。要是与自己的标尺相符，则会极力称赞对方。

比如，有的人培养自己的孩子参加运动项目并以此为傲，他们就会以孩子参加运动项目为衡量的标尺。

他们环顾四周，发现有人说自己孩子不喜欢运动，所以就培养他的音乐兴趣时，就会轻视对方。他们认为不让孩子运动太奇怪了，音乐根本没什么用。

例子比较极端，但的确有很多人会轻视与自己不同的人。他们认为自己才是正确的，认为自己高人一等，并为此感到高兴。这可能就是人类的一种恶习。

拥有这种恶习的人由于观察不全面,价值观的标尺便扭曲了。他们心中只存在极好或极差的刻度,没有衡量中间部分的标尺。只有多多观察,见识到多种多样的价值观,标尺的刻度才会增加。如此才能明白,万事不是非白即黑,还有很多不同程度的灰色地带。长大成人就是这么回事。

不过,认为大家各有各的优点,遇到任何事情都称赞对方也不太好。

可还是有不少人对自己完全不理解的事物拍手称赞。无论多么愚蠢的行为,背后都自有原因。

说到底,人类的意图、感情和想法都没有正确答案。

想象自己是一个傻瓜,用放松的状态观察周围吧。

无论观察对象是谁,都不要轻视对方。

一定要牢记这条观察准则。

用空白帮助自己进步

我曾经说过，日常生活中不需要全力以赴，只须放松下来，用八成的精力应对即可。

剩下两成需要储存下来，为关键时刻做准备。

每当我谈到这点，年轻人都会问我："那到了关键时刻，应该如何使用那两成精力呢？"

说句实话，那两成精力实际上几乎不会用到，因为人会一直进步。

自己今年需要用八成精力完成的事情与自己明年用八成精力

完成的事情是不一样的。

当人不断成熟、能力变强以后，八成精力的质量也会提升。

就拿做菜来举例。假设一名小学一年级的学生会做煎蛋卷、番茄酱炒香肠、水煮西蓝花这三种菜，平常自己做菜带便当。如果今年使出八成精力，可能他的便当就只有自己做的煎蛋卷、番茄酱炒香肠两道菜以及几乎不需要处理的圣女果。

但等他到了二年级，便比以前进步了一些，会做的菜也增加了。就算使出八成精力，便当里也会有煎蛋卷、番茄酱炒香肠洋葱、嫩煎菠菜三道自己做的菜。

其中的关键在于放松，这样便可用自己没有使出的两成精力学习新的知识，静下心来完成目标。

在短暂的小学一年级生涯中，如果他一直全力以赴做三道菜，时间排得满满的，就失去了空余时间。他也不会有空享受做菜，甚至尝试其他调味方法。

而且，由于他会做第三道菜水煮西蓝花但不做，而选择自己做两道菜，剩下一道用圣女果来代替，却又明白自己其实会三道菜，就有一种留后手的感觉，容易产生自信。要是有空时偶尔煮一下西蓝花，更会增强他的自信心。

学会放松后，他八成精力的部分便会不断进步，以后甚至可以做四道菜、五道菜了。

重要的不是提醒自己只用八成精力，而是保留两成的空白。没有全力以赴可能给人一种偷懒的感觉，其实绝非如此。这么做可以一直为自己留有两成的余力。

这样人才会进步。

发现存在问题之处

从 1 开始时的过程中，我都会寻找"存在问题"之处。

无论是自己脚下，还是身边，以至周围环境中，我会在所有目之所及的地方寻找问题，它们会成为我工作、生活和为人处世时的助力。

比如我在咖啡厅点了一杯茶，送上来的茶杯却有茶垢，这就说明这里存在问题。只要稍微注意一下，就能把杯子清理干净了。

在公司的地板上看见垃圾时，我也会认为其中存在问题。因为稍微注意一下就不会留下垃圾，稍微看看周围就能发现垃圾并把它捡起来。

换句话说，存在问题之处就是无人注意的角落。有时单纯是视觉的盲区，有时也指众人视而不见之处。

人存在问题时，就像对待有茶垢的杯子置之不理一样，明明稍微注意一下就能清理得很干净，却无人采取行动。

在这个世界上，到处是这样的例子。

认真凝视，仔细观察，再认真凝视，继续仔细观察。

重复这一过程，就能发现许多问题。放松下来，保持好奇心，认真观察，问题便随处可见。

由此，心中便会产生想法，希望现状有所改变，

从而也明白自己应该做什么。

能否发现问题，

能否想到改进的方法，

就是决定人是否优秀的分歧点，

也可以判断一个人是否真的体贴他人。

在同样的环境下，有的人可能只会发现 3 处问题，有的人可以发现 10 处，更有人能发现 100 处。

自己观察得是否仔细，是否拥有一双慧眼，从找出多少问题就能衡量出来。

专注自己的领域，解决最紧要的问题

手提包中，卫生间里，卧室里，厨房里到处都存在问题。

发现许多问题是好事，但就算注意到了，也没有必要每一处都亲自修正。

哪怕碰到问题，觉得需要处理时，也不要做别人没有要求自己完成的工作。倘若没有明确划分界限，凡事亲力亲为，只会被人当作趁手的工具。

当处理的问题与自己的愿景一致时，应当毫不犹豫地出手。毕竟人不可能解决所有问题。

公司里经常会有一种人，他们善于发现别人注意不到的杂事，且能够轻易解决它们。你所在的公司里应该也有吧？

当大家对他们说"谢谢，你真细心""你好体贴呀"时，他们自然会感到高兴，从而更热心地处理杂事。但他们在公司里的职位并不是打杂吧？

除非公司总裁说过招聘他们就是为了打杂，不然还是让保洁和兼职员工来做比较好。他们原本有自己的工作，若是用工作时间打杂，岂不是耽误他们原本的工作了吗？

而且，就算我在坐电车时发现电车的构造对乘客不太友好，觉得要是车身再宽一点，乘客会更舒适，我也不能真的去改造车厢。

假设我从事互联网相关的工作，觉得某个系统存在问题，在没有专业知识和技术的情况下，我也无法重新构筑系统。

发现问题后，就算是再简单的问题，也会因为不是自己的职责而不去解决。

发现问题后，就算是再重要的问题，也会因为自己的能力无法解决。

所以发现 100 处问题后，要找出 1 个自己应当解决且有能力比其他人更擅长解决的问题，再亲自解决它。

不仅是简单的解决，要将问题中缺乏的爱与关注都完全弥补回来。

听起来非常简单，但若能完成，也可以算得上成功。

观察人的情感

工作中总会有遇到瓶颈的时候，这往往是因为自己拥有的信息和知识消耗殆尽的缘故。无论怎样调动自己的知识储备，也无法产生新的创意和想法。

因此需要继续学习。

所有的工作都与人息息相关，我们应当深入了解"人的情感"。

在这个世界上，人类每天都会产生各种各样的情感。

可以说我的工作就是观察人的情感，尽快发现新的情感，用语言描述出它们产生的原因。

观察这个世界上人类的情感会产生无尽的灵感。

如今，在人与人会聚的各类现实场合与团体中，都需要人的感情。社交网络的发展反而促进人的感情趋于现实世界的亲密关系。

封闭的环境比开放的环境更容易产生亲近感。比如，在情感上缺乏归属感的可能要数吸烟人群，他们喜爱吸烟，有烟瘾，但又不想被周围人知道自己吸烟。那么是否有必要把他们召集起来，为他们创造一个封闭的秘密交流基地呢？如此一来，他们在现实生活中也有可能产生交集。

与无论在公司还是车站都能随意吸烟的时代相比，人的情感肯定不尽相同。因此，人的情感会随着时代的变迁而变化，观察得是否仔细便决定能否发现这些变化。

想理解人的情感，就要带着好奇心和爱心去观察，他人究竟为什么而困扰。

观察这个世界上其他人的情感，比其他人都更早察觉其中的
变化，用语言描述出来，便可以将其转化为商业活动。

从弱点中学到优点，从丑陋中发现美丽

观察他人时，不要局限在部分领域。

既然要观察，就不能只观察那些所谓成功人士、精英以及德高望重的人，这样未免太过无趣。

要保持旺盛的好奇心，对任何人都充满兴趣。

哪怕面对完全无法理解的人，也要思考为什么大家同样为人，却如此不同。

这也是从 1 开始的一种行为。

其中不只有单一的价值观和偏见，

就像刚出生的婴儿从头开始一样。

比如我对美国总统唐纳德·特朗普的印象就是一名优秀的商人。

而大家对他的感觉则是：

"他有没有能力当总统啊？"

"感觉像是乡下的房产中介。"

"他的确是个厉害的有钱人，不过当政治家还不行。"

人们对特朗普的评价可能就到此为止，不会进一步了解他。但特朗普用商业手段对待日本、中国和朝鲜时，又不是一名普通的商人。他作为政治家做出的许多选择以及他的为人处世，我有很多地方都难以接受，可能说几乎都无法接受。但像这样不循规蹈矩的有钱人肯定有值得学习的地方。

俄罗斯总统弗拉基米尔·普京也是我学习的对象。大多数能站到这样位置的人或多或少都有些非比寻常之处，仅仅是这些人就足够值得我们学习。

不要轻视任何人，要思考对方的优秀之处。对其他人充满敬意，便能观察出许多内容，收获也更大。

观察他人、向他人学习的秘诀在于，一开始不要学习尊敬之人的长处。

比如西雅图水手棒球队的铃木一朗是世人公认的优秀运动员，所以很多人向他学习时，都会仔细观察他的优秀之处，认真思考并加以分析。

但他优秀的秘诀其实已昭然于世，因为很多人已经对此进行了分析，甚至出了书，没有必要自己特地去观察。

最后的结果可能是单纯崇拜铃木一朗，希望成为他那样的人，导致放弃了学习，也忘记了自己观察他的目的。

我也喜欢铃木一朗，但我观察和学习的是他的弱点。

铃木一朗的弱点是什么，之前遇到了怎样的困难，犯过什么样的错误，他又是如何克服的。越是喜欢和憧憬一个人，越想了解他的弱点。而对特朗普和普京总统，我采用的是相反的方法。

从厌恶之人的优点中，我能学到什么？

从喜爱之人的弱点中，我能学到什么？

学习肉眼不可见的事物，仅靠普通的观察完全不够，但这却是一件乐事。

发掘他人身上无人知晓的秘密，再深入了解，用简单易懂的语言表达出来，这就是我工作的一部分。

当我仔细观察铃木一朗，发现他的弱点后，不禁觉得他也有孩子气的一面。即便如此，我也不会讨厌他。倘若有了意外收获，也不会产生厌恶情绪，反而有种对方也是普通人的亲近感。

当我观察特朗普，学习他的优秀之处时，也会由衷佩服他，尊敬便油然而生。

从弱点中学到优点。

从丑陋中发现美丽。

从悲惨中寻找纯洁。

这个世界上还有无数值得我们观察和学习的事物。

第二章总结

从 1 开始观察，为从 1 开始做准备。

首先从观察自己开始。

观察世界时不要先入为主。

从多种角度观察世界和人。

寻找问题，完成自己力所能及的事。

"精通"是一切的起点

无论在工作还是生活中，一切的起点都是"精通"。

启动项目或者做饭时，如果不能在一开始比别人更精通其中的内容，就不会产生灵感。

精通之后才算得上站在起跑线上。

从 1 开始时，"精通"这一要素必不可少。

创造力并非"无"中生有。

创造性与信息量成正比，所以我认为，能够收集多少事实与信息，决定了人能否产生创造力。

人在收集大量的信息后，不用冥思苦想，自然就会产生灵感，也能发现不足之处。

但大家似乎都没有发现这一点，所以不会试图精进自己，也觉得这样做太费事。

也有人觉得没有必要达到精通的水平。

现在什么信息都能用搜索引擎查到，看维基百科也能大致了解情况。所以大家才会认为自己已经熟悉现状，甚至精通此项。或者觉得自己不精通也没有关系，需要时查询即可。

但是，就算通过搜索引擎在一定程度上掌握了现状，也算不上精通。

所有事业有成的人都有比别人更熟悉的领域，并且具备极强的问题意识。他们从不满足于现状，也会产生很多想法去改进。

如果你有目标，如果你想为他人做出贡献，如果你想成为优秀的人，就要有自己精通的领域。

仅仅满足于表面，便无法攀登高峰，也无法潜入水底。

精通不是一件难事。只要充满好奇心、勤奋刻苦、满怀热情就能做到。

比如销售员想开发新客户时，首先要通读客户公司最近 3 年的财务报表。

通过财务报表可以了解到公司的具体情况。

比如他们投资了什么项目，目前计划开展什么新业务，录取了哪些专业方向的员工等等。

如果对一家公司感兴趣，财务报表可谓是寻找信息的宝库。

若能不辞劳苦地找出财务报表及各种资料，满怀热情地熟读内容，一定会比公司员工还要了解公司。毕竟没有多少员工会详细阅读公司的财务报表。

精通某一领域后，便会产生更强的求知欲，从而进一步提升自己。不断重复这一过程，就会更加精通。

通往精通的第一步是思考向何人请教。能够行动起来，与远比自己精通的人交谈，就是踏出了精通的第一步。

通过亲身经历获取的信息独一无二。如果想得到专属于自己的原始信息，唯有亲身去经历。

可以说没有任何信息比得上亲身经历。

以精通为根据的想法能够直指要害，充满说服力，也符合对方需求。

在我看来，比其他人更了解现状就相当于手握王牌，如果能做到这个地步，任何工作都不在话下。

精通某一领域后，在从 1 开始其他事情时一定会派上用场。

另外，如果你当下面临着困难和问题亟待解决，希望取得一定成果，也必须精通某个领域。

不要妄图做到全能

想达到精通的水平，我个人觉得比较关键的一点是，不要妄图追求全能。

但我感觉这个世界上大多数人的想法与我相反。他们希望自己可以擅长很多事物。

比如有些公司员工可能会对自己有这样的要求。

首先为人处世要过关，还要掌握基本的工作技能，在此基础上最好还能发展特长。除此之外，还需要具备管理能力才能事业有成。

又比如家庭主妇可能会产生这种想法。

希望自己把家里布置得简洁又温馨，希望自己做出有益于健康的饭菜，希望自己尽心培养孩子，希望有自己喜欢、他人也认可的兴趣，希望自己活得有价值。

乍一听还不错，但不可能做到。

全方位追求完美不仅无法成为理想中的自己，只会精疲力尽以至崩溃。凡事都力求完美的人无法做到精通。

有一些缺陷没有关系，有所偏重也没关系。

不改变原先的态度，就无法做到精通。

以前社会需要的是什么事情都能做到平均水平以上的人。没有一项有 100 分，但也没有一项是 10 分。最好每一项都是 70 分。

但我根据自己的经验判断，事实并非如此。尤其在现在的社会，已经出现了另一种倾向。

也就是有一项达到 100 分，其他都是 20 分的人比较受欢迎。

我认为今后应当将通晓各个领域的任务交给电脑和人工智能，我们选择其中一项努力达到精通即可。

能出名的餐厅绝非是可以吃到汉堡、什锦炒饭和生鱼片套餐的家庭餐厅。

会让客人慕名而来的餐厅可能菜单上只有咖喱，但各种风味应有尽有，菜品也独一无二。

比如只卖荞麦面的餐厅、只卖烤鸡肉串的餐厅、只卖御好烧的餐厅等等。

你也可以在某个领域通过努力达到精通的水平。

从一个小洞开始深度挖掘

所谓找到自己可以达到精通水平的领域，也不要找太特殊的事物，最好可以在社会中发挥作用，或者能成为工作的助力。既然要选择能够达到精通水平的领域，最好是没有其他人涉足、与工作有关的领域。

以我自己为例。我认为工作就是为需要帮助的人服务，所以在我当上《生活手帖》的总编时就思考过，我精通的领域能够帮助什么样的人？

缩小需要帮助的人的范围，就能找到自己擅长的领域。

我首先想到的是，要了解读者和书店。

但要了解所有读者未免太宽泛，也算不上无人涉足，所以我缩小了读者的范围。

我将读者限制在热爱生活、喜爱下厨的 30 岁左右女性的范围内。

而了解所有书店也对我的工作没有帮助。而且，东京市中心白领集聚的大型连锁书店与乡下车站前夫妻俩开了多年的书店也完全不同，不可能混为一谈，需要同时了解它们。

所以我也缩小了书店的范围。

我将书店限制为愿意出售生活方式类图书的书店。

经过筛选，便可以找出自己应该了解的领域。细分及筛选属于较为基础的工作，可以尝试以后再精进自己。

诀窍就是从一个小洞开始深度挖掘。

小学生也值得请教

如果有人问我,什么样的人能够做到认真学习和理解新事物,
甚至达到精通的水平。

我会立刻给出答案：不耻下问的人。

能够低下头来向比自己年轻、地位比自己低的人请教，既是
从 1 开始的表现，也是达到精通的基础。

我们经常会因为自己年长或是经验丰富的原因，误以为自己
比别人优秀。

但世界上没有人可以在任何领域都无所不知。

就算是小学生，也会在某一方面比自己了解得更多更清楚。

很多成年人无法低下头来向人请教的原因在于，他们常被自尊心所束缚。

向他人请教也就是向他人求助。是无法说出求助的话语，还是因为不愿展露自己的弱点？

作为公司的经营者，我经常对公司的中层管理者说：

"有时你们也可以低下头来向下属请教，请求他们的帮助与合作。最好是找最年轻的新人。这样才算得上团队合作。"

年轻而没有经验的新人面对遇到疑问向自己求助的上司，绝对不会产生鄙视的想法。

他们只会感到高兴，觉得上司求助于自己是发现了自己的价值，从而产生为团队做贡献的想法。让下属满怀喜悦、充满干劲也是上司的工作之一。如此对大家都好。

不要太看重所谓的自尊心。

仅仅做这么一点小事，就能增长见识，管理好下属，可谓皆大欢喜。

自尊心当然很重要，但只在关键时刻派上用场就行，平常还是收在心里，要把握好尺度。

不仅在上司和下属之间，对待孩子和伴侣时也是如此。遇到不明白的事情时要勇于向他人请教，不耻下问、放下自尊心。另外，如果真的下定决心精通各个领域、不断进步，就不要犹豫，向任何人都摆出请教的态度。

为了达到精通的水平，你是否也能低头向小学生请教呢？

这也是一个测试自己认真程度的试金石。

唯有精通，才能把握事物的本质

当我不再从事自由职业，转而进入公司，有生之年第一次担任杂志总编时，可谓面临着从 1 开始的挑战。那时我就一直在思考：

怎样的杂志内容才会受到读者的喜爱？
怎样的杂志内容才会让读者愿意花钱购买？
怎样的杂志内容才会让书店认可我们的重要性？
怎样的杂志内容才会让书店乐于选购我们的杂志？

筛选过读者和书店之后，便可以采用许多方法对它们进行彻底的调查。

比较简单的方法是每天阅读其他竞争对手的杂志。而真正热爱生活的读者对什么感兴趣，还是要亲自走近这个群体。

当时杂志一直在发行，但也经历了无数次试错的过程。

也有过失败的时候，但那也让我确认了哪些内容不可行，加深了了解的程度。失败过一次，就不会再失败第二次。

3 年之后，我觉得自己已经达到了精通的水平时，不禁暗暗地产生了一种自信，认为没有人比我更了解读者和书店了。

心中仅有对成功的确信，毫无失败的预感。

当我对自己掌控现状的程度较为满意时，便能预见到今后会发生的事情。

之后 6 年来，销售额持续增长。我对此毫不费心，因为所有创意和应当完成的事情都自然而然地涌现了出来。

经过 3 年达到自认为精通的水平时，我首先明白的便是"必需的原料"。

就拿做饭来说，做到极限的关键在于使用好的食材。一家寿司店的水平如何，不在于技术，而在于是否能采购到优质的食材。道理都是相通的。

知道什么是必需的原料。

努力获得必需的原料。

这在任何工作中都非常重要。

以《生活手帖》为例，我一直都在努力寻找有价值的一流人才加入团队，包括设计师、摄影师、美食研究家、插画师、写手等等。组建团队的过程就像是搜寻高质量的必需原料，一旦这部分能够顺利进展，便可以安心。

不仅是公司的总裁和管理层，对于团队的领导、活动的负责人、同好会的发起人等任何事项的负责人来说，人都是首先要保证的关键"原料"。

说出这种话，可能有人会觉得我将人当作原料不太妥当。但我认为，包括我自己在内，人才是推动项目进行的原料。无论预算和公司的名气如何，其中涉及的人才是决定工作成功与否的关键所在。

当然，有时我们无法选择其中涉及什么样的人，但我们可以思考如何安排这些人。

一定要明确地用语言表达出委托对方完成什么事情。不只是简单的分配工作，而要为对方选择适合他的任务，这样才能充分发挥出人这种"原料"的作用。

我为他人安排任务时，优秀的人则会问我："您希望我完成这项任务后达到怎样的结果？"

有时目标是具体的数字，有时则是提出并实施一个策划案。

总之，如果我能回答出具体的目标，对方便能表示理解和达成目标的决心。

正因为明确了对方的职责，双方才能顺利地沟通。

精通是灵感的源泉

如果你有孩子，也非常爱他，自然想多多了解孩子。

等到你极为了解孩子以后，不用刻意思考怎样做才是为孩子好，想法就会自然而然地涌现出来。

应该这样做，或者应该那样做等等。

任何事情都是如此，知道得越多，越是了解其中内情，不用冥思苦想就能产生灵感。精通是灵感的源泉。

以《生活手帖》为例，当我用了 3 年时间达到精通与之相关领域的程度时，我已经非常了解应该刊登怎样的文章，应该用什么样的照片来搭配。这些知识最终合为一体，诞生出无限的灵感。

人这种"原料"聚集在一起后，只需要大家分担一下工作即可。反过来说，没有灵感的原因是对现状还不够了解。因此要进一步了解情况，达到精通的水平。

灵感、策划案、商品、服务，一切都是相通的。

达到精通的水平以后，任何人都能自然而然地产生灵感，也知道自己想做什么。之后，不知不觉间，想做的事情就会变成已经做到的事情。

事后他人询问自己是怎样产生如此精彩的想法时，也只能回答不知道，毕竟只是突然想到又顺手去做了而已。

如此一来，人便会自然而然地到达目的地。

精通也有鼓舞人心的力量。所谓达到精通的水平，也就是彻底了解谁也不知道的新事物和无人触碰的秘密。

我们听到专家、研究人员、工匠的故事后会被打动，也是因为他们的自我精进。

相反，如果以浅尝辄止开始，以检查数据和速读结束，就绝不可能达到精通的水平，由此获得的成果也不会打动人心。

所以我们才需要精进自己。

精通后才会为人所需

达到精通的水平后，不需要特别做什么，就会有人来请求帮助，也能成为一个对他人有用的人。

因为达到精通水平的人很少，才格外珍贵。

精通某个领域理论上不是难事，那么为何会如此呢？

可能由于很多人想省略从 1 开始的学习过程，满足于抄近道轻松获取知识的行为吧。

自己调查，自己去问专业人士，自己前往现场，用自己的眼睛和耳朵体验。

这些通向精通的过程一点也不困难，却很花工夫。在这个越快越好还追求正确率的时代，这种行为可能在很多人看来不知变通，所以很多人才没能达到精通的水平。

但仔细想来，这却是一次机遇。

从 1 开始了解就能达到精通的水平，既然谁都不这么做，那么自己就可以尝试。

做到之后，就能成为出类拔萃的人。

达到精通水平的人非常珍贵，决不能弃之不理。

每个领域中都有各种各样的人，如果你能达到精通的水平，可供选择的机会也更多。

就算不请求他人进入某家公司或者一起参与某个项目，对方也会因为需要你在所精通的领域中积累的知识，请求你来帮忙。

如果成为全世界最精通此项的人，就不需要宣传自己了。

磁场相同的人会互相吸引

将范围缩小到一个领域中，当自己达到精通的水平，就会发现比自己更精通的人。

正因为了解，才能区分出什么人比自己更了解。

举一个简单易懂的例子，从来没钓过鱼的人就算见到钓鱼高手也认不出来。但熟悉钓鱼、精通钓鱼的人一眼就能看出钓鱼高手的身份。

这些达到精通水平的人就像磁铁一般会相互吸引，无论是偶然还是顺势而为，他们一定会相逢。

假设你精通做饭，水平达到了 100 的程度，那么总有一天你会遇见做饭水平为 200 的人。对方热心地指点了你以后，你对做饭就更精通了。

这时，你的水平不是增长了 100+200=300，而是 100×200=20000。可以说你精通做饭的程度产生了飞跃性的提升。

同样精通某个领域的人相遇后就是会产生如此巨大的化学反应。

通过亲身经历从 1 开始获得的知识都是属于自己的巨大发现，自然会非常高兴，想告诉其他人。

这类人因相互吸引走到一起后，会交换自己的故事，从而提升精通的水平。结果便会产生乘法效应，知识和智慧也大量涌现出来。

你对某个领域的了解会因为遇见同样精通此项的人产生飞跃

般的提升。

因精通与他人集聚在一起，会占据压倒性的优势。

无论是公司里的人还是客户，遇到相关的问题都会提到你，

你将会成为无可替代的人。

发明不会贬值

精通也是发明诞生的源泉。

比其他人更了解某个领域之后，自然而然产生的灵感都是其他人闻所未闻的。因精通而诞生的灵感总是新鲜有趣、充实而有价值。

从 1 开始达到精通，其中诞生的灵感能让 1 倍变为 10 倍，能让 10 变为 20 倍，这绝非罕见。

话虽如此，通往精通的道路颇为枯燥，有时也要忍耐。因此人可能会感到不安。

这时就需要转换一下思维。

现在做的事情虽然枯燥，但穿过眼前的隧道就能达到精通的水平，两年后可能会产生 10 倍的价值，一切都是为了那个时候而准备的。

如此便能调整好心态。

另一方面，工作时一味按照其他人考虑和决定的方法行动，人不会感到不安，但同样很少有机会获得几十倍的进步。可能会从 1 增长为 2，从 2 增长为 3，不能期望有较大的变化。如果已经放弃进步，觉得这样工作没什么不好，就无法完成自己想做的事情。

工作中总是存在上司和客户。大部分情况下，很容易形成上司在上，部下在下，客户为主导，乙方为协助的关系。

由于上下级关系和主从关系的存在，大部分工作都是准确完成对方命令的事项，而不是做自己想做的事情，或者将自己的策划案付诸工作中。

对方下令完成的工作都不是从 1 开始的，也有其他人参与其中。几个人做同样的工作就会产生竞争。

比如一个小国的国王命令村民工作，让他们按照正确的方法把砖块砌起来，砌得越高越快越好。

既然有了"按照正确的方法砌砖"的要求，村民们只能在"越高越快越好"方面下功夫。然而这种方法还是存在极限。毕竟砌砖的方法已经规定下来，村民只要记住并熟练运用即可，最终无论找谁砌砖，都能砌得又高又快。

于是国王便认为，既然无论找谁砌墙都能砌得又高又快，那就找价格比较便宜的人来砌吧。

从村民的角度来看，他们要做的就是在低报价和不利条件下，准确地完成对方安排的工作。

我们不是国王统治下的村民，但同样的事情也会在现实中发生。

所以，从 1 开始精进自己，创造新的发明吧。自己从 1 开始创造的发明只会属于自己，有些事也只有自己能做到。

没有任何竞争对手。

也没有他人的安排。

就算对方是国王，也会诚恳地请求合作，自己也不可能受低价和不利条件制约。

从 1 开始精进自己，这样面对上司、总裁和客户时也能展望未来。这是一个进入社会的人应当追求的目标。

"如果能启动这个项目，两年后它的价值将会是原来的 10 倍。"

以这样的状态工作，对方和自己就有了共同的理想，主从关系和上下级关系便会消失。

因精通创造的发明会使双方的关系趋于平等，无论对方是谁，终将成为相互合作的伙伴。

精进自我，预测未来

我在二三十岁时，经营过一家以出售欧美艺术书为主的书店。一开始只有我一个人。我将别人可能会需要的书装满大手提包，亲自拜访各位设计师和创作者。那是一家风格特别、独一无二的书店。

那时还没有互联网，购买海外书籍的途径极为有限。

我认为没有我找不到的书，也相信这是我的独创之举。

因为我极为了解美国和纽约的旧书店以及艺术文化相关的图书，才能建立起牢固的关系网，使我不用亲自寻找，只须打一通电话、发一封传真就能买到。

因为我知道很多别人不知道的书，所以不用自我宣传，不知不觉间就有了名气，许多媒体介绍了我的事迹，许多人也来请求我帮忙找书。

但互联网普及后，情况发生了改变，只有我精通的信息变成了所有人都能知晓的事情。

时代在变化，而且变化的速度越来越快。

今天只有自己精通的事物可能到了明天就变成了所有人都精通的事物。

所以我们必须经常预测精通之后的未来。

精进自己的过程是充实的。今天比昨天知道得更多一点，明天比今天知道得更多一点，不禁令人感到欣喜。就像将一个空箱子逐渐填满一般，有一种单纯的快乐。

但关键在于箱子填满、达到精通的水平之后的事情。

自己达到精通水平以后，是否会继续挖掘下去。

是否认为精通之后还要继续精进自我。

这个过程中需要忍耐和下苦功夫，亲身经历也多少需要金钱和时间，最重要的是不能缺少永不言弃的热情。

我喜欢赛车，也一直关注着全世界赛车运动员的近况。

有报道记载，一位曾经在勒芒 24 小时耐力赛这一世界级比赛中获胜的赛车手说过这样的话：

在赛车比赛中获胜的诀窍非常简单，就是一直只思考如何通过下一个拐角和弯道。

下一个弯道应该这样开，下一个大弯道应该那样开，只机械般地考虑这些事，其他什么都不要考虑。

我听到这个故事，也深以为然。

作为赛车手，需要在瞬间综合处理各种各样的信息，比如地面上的身体感受、风的影响、引擎的状况等等，再做出决定。

赛车就是要在 0.1 秒内同时决定和执行自己的判断，需要高度集中注意力，与"当下"息息相关。

如此重视"当下"的他们却依然要考虑"下一个"弯道，这与"精通"也分不开。

道理在于，没有准确的观察力、洞察力和学识就无法达到精通的水平，但精通之后，不思考接下来应当精通什么，就无法一直保持精通的水平。

我现在也将"下一个弯道"作为我的准备动作。

精通当下处理的工作，以高度集中的注意力应对工作的同时，要更加留意接下来的局面，为了解将来的情况做准备。

所以在提出意见和策划案时，不能仅考虑当下，还要探讨未来。

所谓"当下"，其实是1秒钟之前的"过去"。

精通不是结束，无论精通什么领域，都会存在未来。

令人惊讶的是，越是精通某些事情，就越有可能知道精通之后的未来如何。

不要暴露自己的底牌

达到精通水平的人自然不乏有人求助，精通的知识在某种程度上是与其他人共享的。尽心教导、共同分担、一起探讨未来，做到这般地步便刚刚好。

但人很难做到将一切都与人共享，把自己精通的知识全部都公之于众。

我在第二章中说过，在日常生活中，放松应该占到八成，剩下的两成应当为关键时刻集中精神发挥作用做准备。

精通在这一点上也颇为相似。

以我精通的艺术文化类书籍为例，如今用互联网便可以查询到书的价格如何，内容是什么，在哪里有售，很快就能了解情况。我在这方面没有什么可以与他人共享的，因为我曾经精通的知识已经不再只属于我了。

但关于书的厚度、纸的质感、印刷质量，只有实际见过的人才能了解。所以还有很多只有见过实物的我才知道的秘密，还没有人在这方面比我精通。至少我相信我不会输过依靠互联网了解知识的人。

因此也有信心依旧处于比其他人更了解的位置。

但我并非故意留下两成实力藏私。

因为无论怎样倾囊相授，只要真正精通此项，总会留下一些只属于自己的信息。

想达到精通的水平，无论在哪个领域，都要做到这点。

我经常对员工说："不要暴露自己的底牌。"

"工作时要装作拼尽全力，但实际上只用八成的实力，面带微笑地轻松工作。要为自己保留两成的实力。"

我的意思是，不要给其他人一种自己已经竭尽全力，无法做得更好也无法再进步的感觉。

看到你精疲力尽的样子，共事的人便会得出这种判断：

这个人只能努力到这个地步吗？这已经是他的极限了吗？他没有更多知识和信息了吧。那我以后就不找他工作了。

暴露自己的底牌后，便会使对方失望，从而减少了自己今后的可能性。

不暴露自己的底牌也是一种维持精神状态稳定的方法。

比如客服中心接到投诉电话的人看起来总是在拼命道歉，实际情况可能会有所差别。

在电话里下跪、拼命道歉，回家后也心怀愧疚烦恼不已，内心会崩溃的。

打电话时自然要站在对方的立场真心道歉，但之后休息时还是要喝杯咖啡忘记烦恼。当然，同时还要认真对待这些问题。

一切都是我自己的想象。不过，正是因为采取了这种态度，才能在工作中诚恳地道歉。

一定要珍惜留在精通宝箱底部的两成宝物。不要竭尽全力，

为自己留有两成余地。

为了让工作中与自己共事的人感到更多的可能性。

为了保持自己精神状态的稳定。

不要暴露自己的底牌，笑着面对工作。

第三章总结

从 1 开始时，精通不可或缺。

不耻下问是通往精通的第一步。

不要泛泛了解、浅尝辄止,缩小领域、深入了解才能达到精通。

要想产生灵感，首先要精通此项。

精通没有终点。

第四章 **勤奋 Assiduity**

习惯挑战

一旦从 1 开始，就必须要坚持下去。

若要坚持下去，首先要安排好生活与工作，思考自己的生活方式。

"生活方式"这个词未免有些空洞，但它意味着人要认真思考，为了让自己过得更好，每天应当怎样度过，从而养成习惯。养成习惯之后，便能坚持下去。习惯也会成为通往自己愿景的道路。

我认为，发现通往自己愿景的方法、习惯性执行和验证的行为就是勤奋。

幸福是勤奋的报酬，大多数梦想都可以通过勤奋工作完成。

人是否能成功，是否能成为理想中的自己，取决于他能否坚持自己的习惯。

我憧憬的偶像和成功人士都非常勤奋，他们不紧不慢地过着单调的日常生活。

他们不四处游玩，也不会产生多余的物欲。无论是穿戴高级手表和服饰，还是品尝美食、游山玩水，他们都不感兴趣。

明明轻而易举就能办到的事情他们却不为所动。所谓成功人士，已经达到了不为奢侈品影响心绪的地步了。

但我希望大家不要误解，勤奋不意味着修行。

不是说只有一味吃苦耐劳地过着朴素的生活才是勤奋。

另外，保持规律的生活、完成应当完成的任务也不是勤奋。

早上一大早起来，准时到达公司工作，老老实实地完成别人布置的任务，按照规定的时间下班回家，定时吃饭睡觉。这也不是勤奋。

如果一个人能够有自己的新想法，哪怕内容不成熟，也相信自己能够达成愿景。同时为了确认新想法是否属实，方法是否有价值，每天不紧不慢地按照惯例反复确认。感觉到异常时再从 1 开始思考，第二天再次尝试和验证不同的方法。这份坚持才是真正的勤奋。

如果没有愿景，没有自己的新想法，无论多么认真地重复劳动也算不上勤奋。如此可能会丢失愿景，也无法达成目标。

养成习惯的好处在于，一旦形成惯例，自然就能坚持下去。

另外，每天保持思考、时刻怀疑自己、验证自己的新想法，便会产生自信和勇气。

就像运动员知道自己比其他人练习得更多一样。

生活和工作中的练习可能很难用语言表达出来，也无法向他人解释，但从中确实可以产生自信。

每天产生的自信最终会转换成巨大的勇气。

每周为自己的愿景献上 5 天时间

若想做到勤奋，首先每周要为自己的愿景献上 5 天时间。

周一至周五这 5 天里，无论发生任何事情，都不要迷惘，思考自己的处事行为，不断进行验证。每周 5 天都坚持这一过程。

可能有人觉得太辛苦，但这是通往自己愿景的过程中听到的回音，一点也不辛苦。

我也是如此。每天晚上大概 7 点回家后，我就开始回复邮件和留言到 10 点左右。早上 5 点就起床，立刻就进入工作状态。

我已经习以为常了。

我不知道我的行为对不对，但如果不能如此拼命，每天为自己的愿景而奋斗，就不能攀上高峰。另外，如果不刻意暗示自己是在为愿景献身，而是顺势而为，则不会觉得痛苦。

人也需要劳逸结合，所以周末就尽情休息吧。我有时会想一些事情，有时会悠闲地度过，最好还是尽情玩耍一下。

经过休息和重整自我，接下来的 5 天便可做到专心致志。

养成习惯，用好 20% 的时间

日常生活中有很多想做的事情和应该做的事情。如果能养成习惯不断重复完成，自己的能力也会提高。

具体来说，以前需要 2 个小时完成的事情现在 1 个小时 45 分钟就能完成，甚至一个半小时就能完成。

这是因为已经记住了要领，提高了效率的缘故。因此，无论任何事情，只要养成习惯，每天重复完成，就能省出时间。

每个人一天都有 24 小时，从中要减去 7 小时睡眠时间和 8 小时工作时间。没有时间时，便会削减睡眠时间，或者在应该做的事情上打点折扣。

但用养成习惯这种简单的方法节省出时间后，人便拥有了各种可能性。

我认为养成习惯后可以节省出 20% 的时间。

一天的 20% 就是 4.8 小时。

可能有人会抱怨："看看一天的日程表就知道，排得满满的！怎么可能节省出 5 个小时！"但将碎片时间聚集在一起，就将近 5 个小时了。

这 20% 的时间可以用来做什么呢？

是无所事事地喝咖啡，还是与人闲聊呢？看看手机，碎片时间便转瞬而逝了。

我自己是用这 20% 的时间来挑战自我。

开完会后的 5 分钟，工作完成后的 10 分钟，我会思考全新的自我挑战，思考应该在什么方面从 1 开始。

所以我一直在询问自己，接下来做什么？

我知道自己以前做了什么，也知道自己正在做什么，所以才能询问自己接下来做什么。

一天节省 20% 的时间，一周有 5 天，都可以用于从 1 开始的挑战。如此积累下来，将会有多么大的进步。

我也确实感受到这种方法的效果极好。

安排好空闲时间

要用好每天那 20% 的时间，就要事先有所安排。会议提前
20 分钟结束时，才磨磨蹭蹭地思考自己应该做什么，那 20
分钟就会在思考中过去了。

比如要在终点站碰面，就可以提前想好，要是有 20 分钟的
空闲时间，就去书店看看有什么新书找找灵感。

又比如假设会议突然取消，有了 2 个小时的空闲时间，就可
以计划去看平常不会看的动画电影，为了解新项目做准备。

那 20% 的空余时间，是从 1 开始挑战自我的基础。要是真
的太累了需要休整，可以计划等有 30 分钟空余时间时做个

按摩。

无论怎样，心中是否有计划决定了人能不能有效利用那多出的 20% 的时间。

多了 1 个小时可以做什么，多了 45 分钟可以做什么，多了 15 分钟可以做什么。

不同长短的时间段可以做什么，心中应当稍微有点计划。

这样面对突如其来的空闲时间时，便能立刻行动起来。

事先决定应该做什么，稍微有所准备，看起来简单，却非常关键。哪怕计划把读到一半的书读完，要是没有把最关键的那本书放进包里，就读不起来了。

我平常最喜欢思考各种各样的选项，经常边用地图软件边思考，要是在这个车站的时候有 10 分钟的空余时间就去车站前的樱花树下赏花，要是在那个车站有 30 分钟的空余时间就在画廊里看展览，甚至都想自己做一个搜索软件为此服务了。

思考如何有效利用那 20% 的时间非常重要，既能放松，也是一种乐趣。

不要让自己太过劳累，也是为了养成良好的习惯。

消失的 10 分钟和珍贵的 10 小时

人一旦觉得没有时间，做事难免变得慌张起来。

我想各位肯定有过类似的体验。

比如马上就要开会了，但没有时间仔细阅读资料，只好安慰自己这次就不读了，等会议开始前 10 分钟简单扫一下电脑上群发的信息就行。入座后再听听周围人怎么说，总会有办法的。

这种情况时有发生，但在我看来这是一种浪费人生的行为，简直愚不可及。

草草应付应当了解的信息却没有收获，没有比这更浪费时间的了。

在这 10 分钟里，你什么都没有学到。这 10 分钟在你的心中也不会留下一丝一毫的痕迹。

可能有人认为不过就 10 分钟而已，但就算只有 10 分钟也是一种浪费。一旦形成习惯，许多 10 分钟汇集起来，你便舍弃了人生中大量的时间。

所以无论如何都要挤出时间，专心致志从 1 开始。

比别人用更多的时间调查，比别人理解得更透彻，比别人更熟悉情况，你为此所花费的时间终将成为身体的一部分。即便因事务繁多用了 10 个小时理解，这 10 个小时也是属于你的宝藏，绝没有浪费。

反过来说，如果没有办法为会议做准备，还不如就不要去。既浪费开会的那 1 个小时，也浪费会前草草准备的 5 分钟、10 分钟。与其浪费那么多时间，还不如一开始就不要准备比较好。

可能有人希望在短时间内了解一下大纲即可，但越是想了解大纲，浪费的时间就越多。

既没有从1开始的气魄，还一副被截止日期所迫的状态，最后靠复制粘贴写出来的策划案和材料只会空洞无物。

无论是准备材料的人还是阅读材料的人都不会为之所动，也无法付诸行动。

无论是工作、做饭还是制造产品，草草应付下产生的成果一看就没有用心，看上去就干巴巴的。

要想避免这种浪费，就必须要养成良好的习惯。

输出的真正意义

养成习惯后很重要的一点就是保持输出。

输出究竟是什么?

我们经常能听到别人谈论这个词语,但很多人都理解错了它
的含义。

所谓输出,就是用语言表达出以前谁都没有说过的内容。

有时也指用图表描绘出其他人没有表达过的内容。无论怎样,
只要不是从 1 开始创造出自己原创的内容,都算不上输出。

没有输出的原因在于没有输入。

我每天都会跑马拉松。在马拉松中最重要的就是呼吸。

而呼吸中最重要的是吐气。

感到难受时就想吸气，但如果一直吸气反而会更难受。所以要先吐出空气，这样人才能彻底吸收吸入的空气。

感到疲惫时就要不停吐气，这样自然就会有等量的空气进入身体。

输出和输入的关系与之相似。

一味输入，了解新知识，最终会遇上瓶颈。这时如果能产生输出的意识并行动起来，自然能获得新的知识和经验。

人通过输出不断获得许多信息和经验，输入的领域也会自然而然地增加。由此便形成循环，人可以一直获得新的知识和信息，也不会为此烦恼了。

既然输出是指用语言和图表描绘出没有人表达过的内容，便不是简单的拼接就可以做到的。

许多人擅长将书中所写的内容和其他人的言论巧妙地拼接成自己的东西。

他们能在阅读材料时发表言论，但让他们凭空讨论自己的观点时，却什么也说不出来。

一个人能否下定决心不再复制粘贴，彻底从 1 开始，决定了他能否输出优质的内容。

大多数人都不是作家和创作者，没有必要语出惊人地说出闻所未闻的全新观点。

关键在于有自己思考的过程，才能真正输出内容。

如果输出时能让他人觉得认真思考过了，确实是心中所想，就算表达略显生疏，也会打动其他人。

近来流行仅用一两张 A4 纸总结出一个策划案，有时可能确实有用，但我却持保留意见。这种风潮完全是阅读者觉得麻烦，大家为了配合他们的任性而产生的。

如果从 1 开始脚踏实地地进行调查，将证据与自己的主张严谨地结合起来，从中产生的输出就算总结成 3 厘米厚的大部头也不为过。

大家现在确实很忙，很少有人能读完内容太多的材料。

但就算完全不读，也会相信写出这些材料的人。只要这些内容都是书写者的原创，阅读者便认为其中必然存在自己想要的答案，稍微翻一下就会接受。

彻底从 1 开始调查的优势和气势，就是足以匹敌他人的输出。

享受重于个人喜好

对于许多人来说，工作与自己的愿景息息相关。

勤奋与工作有关。另外，工作中能否输出高质量的内容，也决定了能否实现自己的愿景。

因此大家才会有如此多的烦恼。

"怎样才能喜欢自己的工作呢？"

我觉得大部分人在开始自己的工作时都不那么喜欢。

从学校毕业后，立刻就能从事自己一直梦想从事的工作也太美好了。

但一般来说，毕业就找到工作的人其实都是由于机缘巧合和顺势而为。

实际上，工作以后再喜欢上自己的工作已经谢天谢地了。

不过很少有人会喜欢上自己的工作。我觉得大部分人都处于既不喜欢也不讨厌的状态。

以前我就觉得"喜欢"这件事很难。

比如很多人因为喜欢面包和烘焙而进入面包店工作，等他们早上4点起就满身面粉、不眠不休地重复同样的工作时，就会发现现实并非他们所想。那时他们的"喜欢"便消失了。

再深入思考，每个人心中的"喜欢"都不同，定义也有差异。

我已经多次提到过，我认为工作就是帮助有困难的人，能做到这一点便能提高我的动力，就是我喜欢的工作。

但也有人认为，能不能帮助别人无所谓，只要能赚钱就有动力。他们对喜欢的工作的定义，肯定与我不同。

有的人希望通过工作成名,有的人希望通过工作去很多地方。

定义因人而异，每种定义都没有错。

如此想来，我觉得没有必要确认个人喜好。

既然选择了工作，既然选择了活下来，是否喜欢并不重要。

最关键的是不要讨厌自己的工作。

只要做到这点就可以了。

没有必要强迫自己喜欢工作。要不想讨厌工作，没必要喜欢，

只要乐在其中就行。

喜欢自己的工作非常难，享受工作却意外地很容易。

享受工作的方法就是努力。

从 1 开始思考属于自己的工作方法，便会出乎意料地发现，

自己变得享受工作了。

就拿接到给客人倒茶的指令来说。

如果按照礼仪指南行事，或者按照资格老的同事的要求，正

确完成泡茶、端茶碗的指令，便无法享受工作。

可即便是给客人端上饮品的指令，也可以思考出属于自己的工作方法，比如应该端什么饮品，应该怎么端等等。

比如"今天天气比较热，可以买一些冰饮料端上。客人是女性，可能插上吸管比较好。"

比如"可以把公司正在抽样调查的新产品端上去，先给那些容易明确给出回应的人尝尝，这样大家就能坦诚地说出看法。"

比如"准备好几种瓶装饮料，这样大家能选择自己喜欢的饮品，也能把没喝完的带走。放下时可以故意不隐藏声音，以便大家随意取用。"

虽然都是细节之处，但如果自己思考方法，亲自尝试，观察对方的反应，很有可能从中感受到乐趣，也会享受工作。

无论多小的事情，只要想出自己的方法，工作就属于自己。

工作不只有倒茶这种简单的内容，大部分都是别人的命令，或者是一部分已经规定好的麻烦事。

但无论怎样严谨的工作，肯定有一大部分允许自己介入，也有可以按照自己喜好来规划的要素。一项一项地完成这些工作，自然便会乐在其中。

按照自己喜好规划的部分如果能获得一定成果，便会更享受工作，也会感到快乐。今后便有可能喜欢上自己的工作。

在艰苦条件下长时间重复工作的人之中，有的人默默工作，有的人则边工作边哼着歌。那些哼着歌的人便是享受自己工作的人。

在工作中加入哼歌这一属于自己喜好的要素，单调的工作也变得不同起来，人也会变得享受工作。

另外，还有一点可以确定，年轻人工作以后，多少都会成熟一点。

进入社会，不断成熟，积累新的知识和经验，未来的可能性便会增加。这是人生的收获，对自己来说也是一件乐事。

不仅是工作，无论面对什么事情，都要努力学会享受。

这才是一种冒险精神。

所以我想呼吁大家从 1 开始，

用心享受工作和生活。

第四章总结

从 1 开始后，要坚持下去。

养成习惯，让每一天都过得更好。

得过且过无法使人进步。

利用养成习惯后节省的时间，从 1 开始挑战自己。

从 1 开始思考自己的行为，努力享受生活。

后记

新的语句

最近我产生了一些疑问。

我开始重新思考"用心"这个词语的含义。

用心是指不紧不慢地做事。

用心是指一步一个脚印。

用心是指全心投入。

"用心"给人的感觉大多如此,而不是选择最短距离前进。

我写过一本名为《今天也要用心过生活》的书,有幸收获了

许多读者。现在我依旧认为"用心"这种状态非常重要。

但我对"用心"的看法也在慢慢完善,因为"用心"不仅仅

是温和的、平稳的、缓慢的。

现在，我不认为"用心"就等于缓慢和平静。

人能够静下心来，花费大量时间，用心、缓慢地做事非常重要，因为每个人都需要放松自我的时间。

但人不能长久地处于这种状态，这也不是"用心"的本意。

比如在工作中人要用心工作，不浪费时间也包含在"用心"的范畴内。如此既考虑到了他人，也能推动自己进步。

母亲和第一次拿起菜刀的孩子一起做饭时，她的"用心"就是不紧不慢。但专业厨师拿起菜刀时，不仅要用心，还要利落。手上的动作毫不停歇，也要一直思考接下来的工作，如此做出来的美食才算"用心"。最重要的是，要将自己的用心和真心通过美食传递给客人。

现在想来，"用心"不就是"感谢"吗？我想重新思考这份谢意，再从1开始。

我写这本书的另一个原因，就是想再定义一次工作与生活中的"用心"。

再次定义"今天也要用心过生活"这句我珍藏的话语，从1开始审视，刷新我心中对"用心"的看法。

我也希望大家能和我一样，能够从1开始思考自己心中珍藏的语句。有关用心，有关正直，有关亲切。如果大家能因为这本书改变想法，我将无比荣幸。

人是一种生物，每天都在变化。一切都保持不变不符合自然规律，也说明人没有进步。万事万物没有绝对的答案。

所以面对自己已经完成的事情，可以从1开始审视，认真思考，重新面对。

以全新的心态面对心中珍藏的语句，重新定义，用新的语句讲述自己的梦想。

这才是从1开始的精髓，也是我在前言中提到的优秀的方法、成功的秘诀、成为理想中的自己的手段。

说到从1开始，可能很多人觉得必须自己努力才行。其实，能够讲述自己梦想的人，就可以获得很多其他人的帮助。而且，在这个瞬息万变的新时代，人更容易从 1 开始思考新的事物。

从 1 开始思考。

你一定能用自己的话说出自己的梦想。

2018 年夏

松浦弥太郎

版权登记号：01-2020-2925

图书在版编目（CIP）数据

从1开始 / （日）松浦弥太郎著；蓝春蕾译 . -- 北京：现代出版社，2020.5

ISBN 978-7-5143-8589-2

Ⅰ．①从… Ⅱ．①松… ②蓝… Ⅲ．①人生哲学—通俗读物 Ⅳ．①B821-49

中国版本图书馆 CIP 数据核字 (2020) 第 079126 号

《ICHIKARA HAJIMERU》

©Yataro Matsuura 2018

All rights reserved.

Original Japanese edition published by KODANSHA LTD.

Publication rights for Simplified Chinese character edition arranged with KODANSHA LTD. through KODANSHA BEIJING CULTURE LTD. Beijing, China

从 1 开始

作　　者：〔日〕松浦弥太郎
取材协力：〔日〕青木由美子
译　　者：蓝春蕾
策划编辑：王传丽
责任编辑：张瑾　肖君澜
出版发行：现代出版社
通信地址：北京市安定门外安华里 504 号　　邮政编码：100011
电　　话：010-64267325　64245264（传真）
网　　址：www.1980xd.com　电子邮箱：xiandai@vip.sina.com
印　　刷：三河市宏盛印务有限公司
开　　本：880mm×1230mm　1/32
印　　张：6.5　　　　　　　字　　数：86 千字
版　　次：2020 年 7 月第 1 版　　印　　次：2020 年 7 月第 1 次印刷
书　　号：ISBN 978-7-5143-8589-2
定　　价：39.80 元